JN284582

うわあ、真っ白！ スキー場みたいだ

これは雲海。ひこうきにのって、雲の上に出ると、こんなふうに見える。いちめん真っ白で、雪がつもったようにも見えるね。左はしに写っているのは、ひこうきのつばさの一部だよ（37ページも見てみよう）。

これが地球。
わたしたちの住んでいる星だよ。

白く見えるものは
なんだろう？

わたしたちの住む地球を宇宙から見ると、こんなふうに見える。
青いところは海、緑と茶色のところが陸。白く見えるのは、空
にうかんだ雲なんだ。さあ、空と天気のふしぎを見にいこう！

宇宙開発事業団（NASDA）提供

おもしろいかたちがいっぱい！

空にうかんだ雲を見あげてみよう。
なにに見えるかな？

なかよし
魚の親子？

ぱおーん！
ゾウの子どもかな？

おすしが３つ
さかさまだ！

空にうかんだ雲。空の上から見たら、
どんなふうに見えるんだろう？

ドーナツみたいなうずまき雲だ！

台風の大きな雲をななめ上から見ると、こんなふう。真ん中の穴は「台風の目」とよばれる。ここだけは晴れているんだよ（50、51ページも見てみよう）。

©NASA

雲ってふしぎだなあ

いろいろな雲については、32～35ページを見てみよう。

鳥が落としていったはねみたい？

ぷかぷか 海の中のクラゲ？

大きなげんこつでパンチ！

めくってみよう！

なんだ、これ？ 氷の花？

これは、しぶき氷。みずうみの水しぶきが、岸のかれた木のえだにかかり、つめたい空気にふれてこおる。これがくりかえされると、できるんだ。

ぜ〜んぶちがうよ！
雪の結晶のかたち

下の写真を見てみよう。これらは、雪の結晶とよばれるもの。拡大してみると、ひとつぶひとつぶちがっていて、同じかたちのものはないんだよ（58、59ページを見てみよう）。

北海道大学ホームページより（http://radar.sci.hokudai.ac.jp/crystal/gallery.html）／名古屋大学教授　上田博　撮影

超はっけん大図鑑・12
空と天気のふしぎ

空全体をまるく写真にとったもの。青い空にかがやく太陽、白い雲が見える。

もくじ

これが地球。わたしたちの住んでいる星だよ。 — 1
きょうはどんな天気かな？ — 12

太陽の光のひみつ　14
太陽の光のふしぎ — 15
1日の太陽の動き — 16
わくわくじっけん！ 光はまっすぐに進む!? — 17
夕日はどうして赤いの？ — 18

風のひみつ　20
風を体で感じてみよう — 21
風を見てみよう — 22
わくわくじっけん！ 風の向きと強さを調べよう — 23
どうして風がふくの？ — 24
わくわくじっけん！ 風のおこるようすをたしかめよう — 25
いろいろな風 — 26
植物や動物も風を使っている — 27
わくわくじっけん！ 風の音を聞いてみよう — 27
風はくらしにやくだっている — 28

雲のひみつ　30
雲をかんさつしてみよう — 31
いろいろな雲 — 32
雲のできる高さはきまっている — 36
きりは雲のなかま — 37

雲はなにからできているの？ — 38
わくわくじっけん！ 雲のしくみをたしかめよう — 39
雲のできるしくみ — 40

雨と雪のひみつ　42
雨がふるのはどんなとき？ — 43
雨のふるしくみ — 44
いろいろな雨 — 45
どうしてにじができるの？ — 46
わくわくじっけん！ にじをつくろう — 47
梅雨ってなあに？ — 48
台風ってなあに？ — 50
どうしてかみなりがおきるの？ — 52
雨と水とわたしたち — 54
どうして雪がふるの？ — 56
いろいろな雪 — 58
自然がつくった氷を見てみよう — 60

季節のふしぎをさぐろう！
どうして夏は暑く、冬は寒いの？ — 62
天気よほうってなあに？ — 64

さくいん — 66

きょうはどんな天気かな？

きょうはどんな天気かな？　気になりますね。朝おきるとすぐに、まどのカーテンをあけて空を見る人も多いかもしれません。これから空と天気のひみつをさぐっていきましょう。

空を見あげてみると？

天気にはどのような種類があるでしょうか？昼間の空を見てみましょう。

快晴
太陽が出ていて、空の色はきれいな青。雲がほとんどない。

晴れ
青い空に雲がある。

うすぐもり
空全体にうすい雲が広がり、空の色は白っぽい青。

くもり
空全体が雲でうめつくされている。空の色は、はい色。

雨
雨がふっている。

雪
雪がふっている。

空もようのほかに気になることは？

空を見あげてわかることのほかにも、天気にかかわることは、いろいろあります。

気温

暑い、あたたかい、すずしい、寒いというのは、気温に関係がある。気温が高いと暑く感じるし、低いと寒く感じる。

湿度

空気中には、目には見えないが、水分がふくまれている。水分が多いときは、じめじめした感じがするし、少ないときは、からっとした感じがする。これは、湿度に関係している。

時間でかわる

1日の中でも天気はかわっていく。たとえば、朝ふっていた雨が午後にやむこともあるし、夜になって急に寒くなることもある。

風

風が強くふく日もあるし、ほとんどふかない日もある。風が強いと、まっすぐに歩きにくかったり、目に小さなごみが入ったりする。風がふくと、暑い日にはすずしく、寒い日にはより寒く感じる。

場所でかわる

場所がちがうと、天気や温度、湿度などがちがう。たとえば、雨がふっているとき遠くの人に電話をすると「こちらは晴れているよ」といわれたりする。

太陽の光のひみつ

天気のよいときには、太陽が明るくかがやいています。
しかし太陽は、雲にかくれて見えないときもあり、そんなときは空全体がうすぐらくなります。
昼間の空の主役、太陽の光のひみつをさぐってみましょう。

昼間の太陽はまぶしくて、白っぽい色に見える。

太陽の光のふしぎ

太陽の光は、いろいろなはたらきをします。太陽が出ていると、どんなことがおこり、また、どんなことを感じるでしょうか。下は、どれも太陽の光によっておこることです。

明るい
太陽が出ていると、へやの電気をつけなくても、ものがよく見える。

あたたかい
日なたに出て太陽の光をあびると、ぽかぽかとしてあたたかいな。

植物がよく育つ
日あたりのよいところに草花をおいたら、ぐんぐん大きくなったよ。

ものがかわく
日のあたるベランダにせんたくものをほすと、よくかわくね。

日やけする
晴れた日に、なん時間も外で遊んでいたら、日やけをして、くつしたのあとがついてしまった。

1日の太陽の動き

太陽は朝、東の空からのぼってきます。昼間、太陽はわたしたちをてらしつづけ、夕方、西の空にしずむと夜がおとずれます。太陽が地平線から出るしゅんかんを「日の出」といい、のぼってくる太陽を「朝日」といいます。またた太陽が地平線にしずみこむしゅんかんを「日の入り」といい、しずんでいく太陽を「夕日」といいます。

太陽は東からのぼり西にしずむ

東　南　西

朝の太陽はしだいに高くなる。

昼間の太陽は、横の方向に動く。

夕方の太陽はしだいに低くなる。

夏…4〜5時ごろ
冬…7時ごろ

12時ごろ

夏…7時ごろ
冬…4〜5時ごろ

日の出　　　　　　　　　　　　　　　　　　　　　　　**日の入り**

朝日は東からのぼる。　　➡　昼間の太陽は、12時ごろ真南を通る。このときいちばん高くなる。　　➡　夕日は西にしずむ。

方角を方位じしゃくでたしかめてみよう。

北・西・東・南

どうして太陽がのぼったりしずんだりするのかは、18ページを見てみよう。

「夕やけになると明日は晴れ」？

赤い夕日がしずむころ、まわりの空や雲も赤っぽくなります。これが夕やけです。夕やけが西の空に出ているとき、西のほうでは晴れています。また、天気はたいてい西から東へうつります。そのため、むかしの人は、西の晴れの天気があとからやってくると考え、このようないいつたえが生まれました。なお、これは、天気が西からかわりやすい、春と秋によくあたります。

空の青に夕日の赤がまじって、むらさき色のところもある夕やけ空。

夕やけって、西のほうが晴れているときに出るんだ

わくわくじっけん！ 光はまっすぐに進む!?

光はまっすぐに進むせいしつを持っている。また、はねかえったりすいこまれたりする。これは、太陽の光でも同じ。じっけんで、光のせいしつをたしかめてみよう。

じゅんびするもの
小さめのかがみ 2まい以上
＊まい数分、人を集めてじっけんしよう。

① 晴れた日に外へ出て、太陽の光がかがみにあたるように持って立つ。かがみにあたった光がはねかえる。

② かがみの向いているほうに別のかがみを持って立ち、①ではねかえった光を受けるようにする。

③ さらに、かがみにあたった光がはねかえる。かがみをなんまいか用意して、これをくりかえしてみよう。

光ってまっすぐに進むんだね

＊かがみを人の顔に向けないようにしよう。

17

夕日はどうして赤いの？

昼間、太陽の光は白っぽく見えるのに、夕日の光が、赤っぽく見えるのは、どうしてでしょうか？　そのしくみをくわしく見てみましょう。

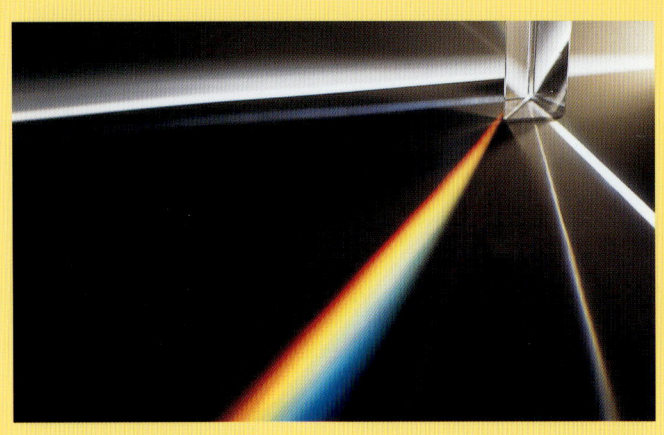

太陽の光は7色!?

太陽の光はたくさんの色がまざっています。プリズムというものに光を通すと、おおまかにわけて7色（赤、だいだい、黄色、緑、青、あい色、むらさき）の光に分かれて見えます。

←プリズムという三角形のガラスを通った光は、色が分かれて見える。

地球はまわっている！

わたしたちの住む地球も、じつは宇宙の星のひとつ。ボールのようなまるいかたちをしていて、1日に1回まわっています。太陽の光があたっているところは昼間になり、あたっていないところは夜になります。

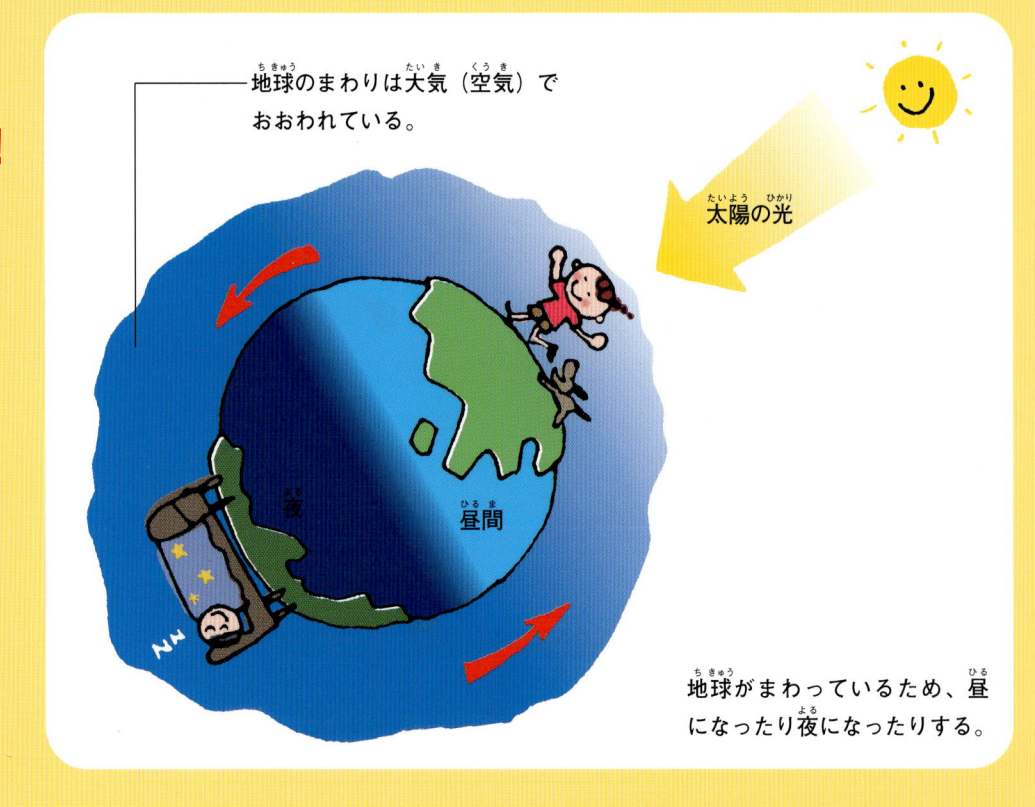

地球のまわりは大気（空気）でおおわれている。

太陽の光

夜　昼間

地球がまわっているため、昼になったり夜になったりする。

空気があるのは地球のまわりだけで、宇宙には空気がない。

昼間

太陽の光は、上からさす。

光が大気の中を通ることをあらわす。

大気

きょりが短い。

夕方

きょりが長い。

→ この間に、赤やだいだい以外の光が大気中にちらばってしまう。

太陽の光は、ななめにさす。

夕日が赤く見えるのは？

左の図を見てみましょう。夕日は昼間の太陽よりも低く、地球にあたる光はななめにさします。光は地球をつつむ大気（空気）の中を通りぬけて地上にとどきますが、その間に赤やだいだい以外の光はちらばってしまいます。そのため、地上には赤やだいだいの光が多くとどき、わたしたちには夕日が赤く見えるのです。

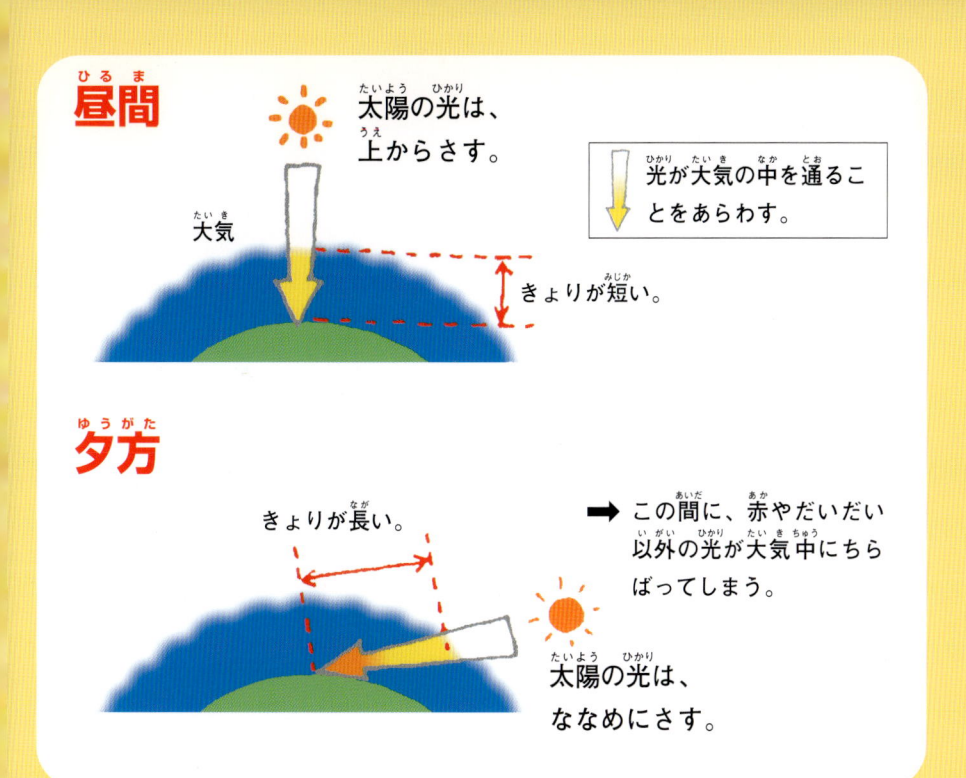

左の写真は朝日。下の写真の夕日とよくにて、太陽のまわりの空が赤くなっている。夕方は、空気中のちりが多く、そのため、夕日のほうがより赤く見える。

＊これらの写真の太陽は黄色や白に見えるが、ほんとうはもっと赤っぽい色をしている。じっさいに朝日や夕日を見て、色をたしかめてみよう。

風のひみつ

風は、わたしたちのいる陸をはじめ、海の上や山、空の高いところまで、いろいろなところで、ふいています。
風のひみつをさぐってみましょう。

さわやかな5月の風にふかれて、いきおいよく空を泳ぐこいのぼり。

風を体で感じてみよう

目をとじて、風が体にあたるのを感じてみましょう。体のどこに、どのように風を感じるでしょうか？ また風について、思いだすこと、ふしぎに思うことはないでしょうか？

風を体に感じてみよう

- かみの毛がゆれる
- ほおに風があたる
- 体がすずしく感じる
- スカートがゆれる
- あしもとがすーすーする

ほかにも感じることはありませんか？

どんな風がある？

風の強い日、ぼうしがとばされちゃったことがある。

じてんしゃで走ると風がおきて、かみの毛がうしろになびくよ。

うちわであおぐと、風がおきて、すずしくなるよ。

ほかにも思いだすことはありませんか？

風を見てみよう

　風は空気の動きです。空気はとうめいなので、動いても目に見えません。しかし風がふくことによって、いろいろなものが動くと、風が見えるようになります。まわりを見わたして、どんなところに風がふいているか、さがしてみましょう。

花びらがふるえる
サクラの花びらが、弱い風にかすかにふるえる。また、ひらききったサクラの花びらをちらすのも、風のしわざ。

はたがはためく
運動会のときに飾られるはたが、風にふかれて、はためく。

けむりがたなびく
風がなければ、けむりはまっすぐにのぼるが、少しでも風があると、横にたなびく。

草がゆれる

しなやかな草が、春の強い風を受けて大きくゆれる。

さざなみが立つ

池やみずうみでも、風がふくと、水面に小さなさざなみが立つ。

わくわくじっけん！

風の向きと強さを調べよう

ビニールのひも（荷づくり用の平たいひも）を使って、風の向きや強さを調べることができる。長めに切ったひものはしを木のえだなどに結びつけて、ひもの動きかたをかんさつしよう。風が強いときと弱いときで、ひもの動きはどのようにちがうかな？　また、ひものなびく方向で、風がどちらからどちらへふいているかもわかる。

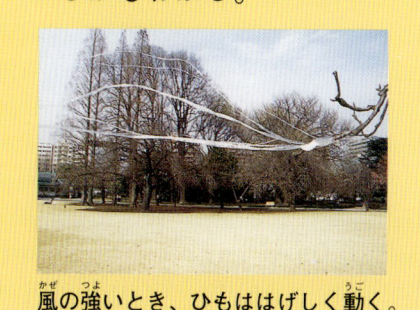

風の強いとき、ひもははげしく動く。

どうして風がふくの？

空気が動き、風がふくのはどうしてでしょうか？　それは、空気には多いところから少ないところへ流れるせいしつがあるからです。風のふくしくみを見てみましょう。

風は空気の流れ

空気はあたためられると軽くなり、ひやされると重くなります。あたためられて軽くなった空気は、上へのぼっていき、ひやされて重くなった空気は、下へおりてきます。空気が上へのぼると、地上の空気が少なくなり、まわりから空気が流れこみます。この空気の流れが風です。

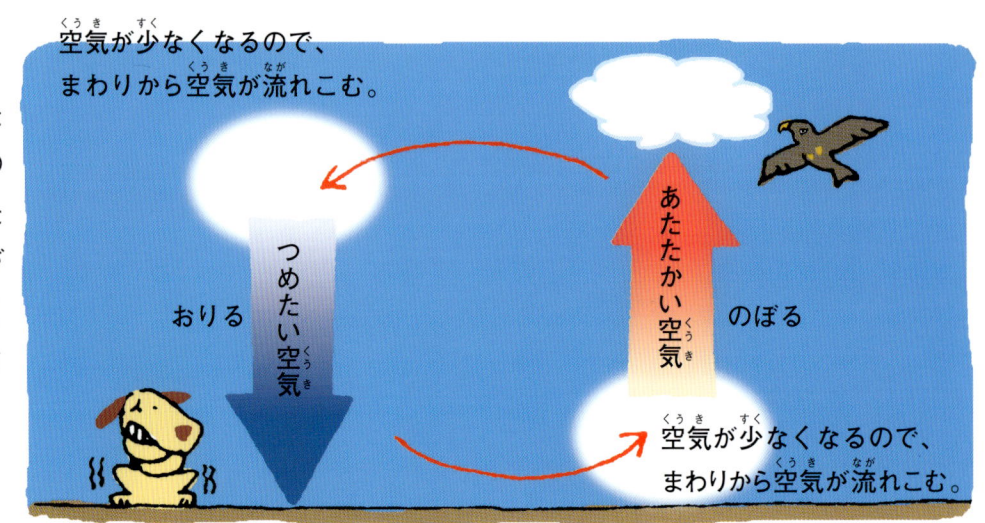

空気が少なくなるので、まわりから空気が流れこむ。

つめたい空気　おりる

あたたかい空気　のぼる

空気が少なくなるので、まわりから空気が流れこむ。

気圧と風

空気の多い、少ないを気圧といいます。空気が少ないことを「気圧が低い」といい、空気が多いことを「気圧が高い」といいます。空気は多いところから少ないところへ流れるので、気圧の高いところから低いところへ、風がふくことになります。
（低気圧と高気圧については、64ページを見てみよう）

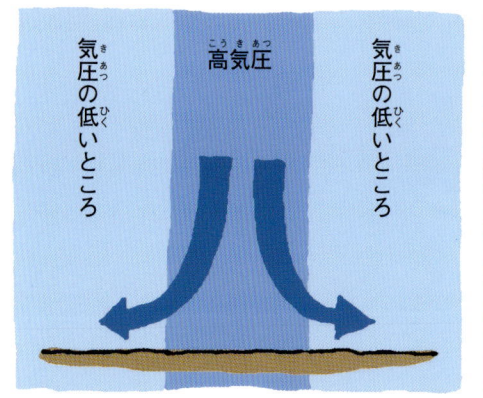

気圧の低いところ　高気圧　気圧の低いところ

高気圧の中心から、気圧の低いところへ空気が流れる。

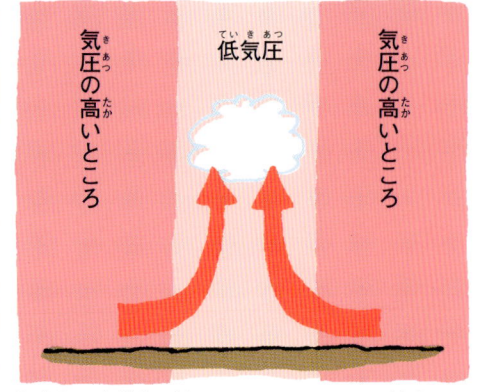

気圧の高いところ　低気圧　気圧の高いところ

低気圧の中心へ向かって、まわりから空気が流れこむ。

気圧はヘクトパスカル（hPa）という単位であらわす。数字が小さいほど、気圧が低い。

海風と陸風

昼間、海から陸に向かってふく風を海風といい、夜、陸から海に向かってふく風を陸風といいます。

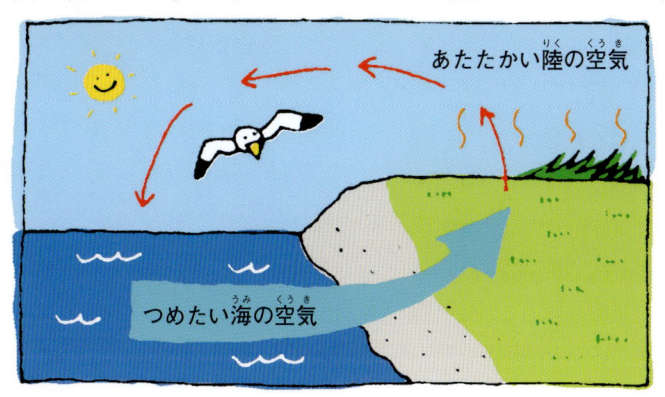

これらは、陸のほうが海よりもあたたまりやすくさめやすいために、おこります。

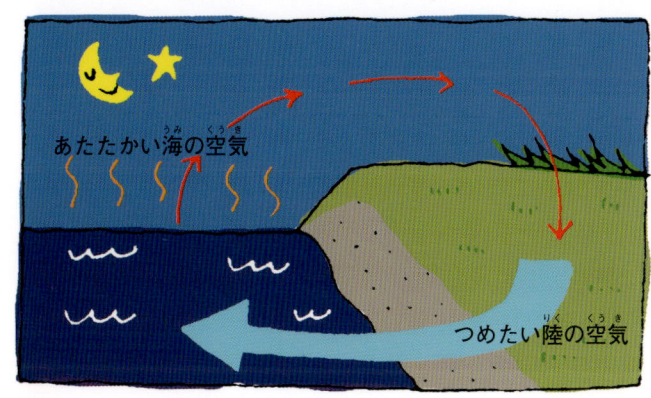

海風

昼間あたためられた陸の空気は、海の上の空気よりも軽くなり、上空へのぼる。そこへ海からのつめたい空気が流れこんで、風がおこる。

陸風

夜は陸のほうがさめやすい。そのため、ひえた陸からあたたかい海へ、つめたい空気が流れ、風がおこる。そして海の上のあたたかい空気が上空へのぼる。

わくわくじっけん！ 風のおこるようすをたしかめよう

ふうせんを使ってたしかめる

ふうせんをふくらませて、空気がぬけないように口をおさえて持つ。そして手を少しゆるめると、空気がぬけて、口から風がふきだしてくる。

ふうせんの中は、せまいところにたくさんの空気がつまっている。空気は、多いところから少ないところへ流れる。この空気の流れが風だ。

おふろでたしかめる

おふろから上がって外に出るとき、ドアを細くあける。すると、外のつめたい空気がドアのすきまから入ってくる。これが風。

「つめたい風が入ってきたよ！」

あたたかい浴室へ、外からつめたい空気が入りこむ。

いろいろな風

風のふきかたは、季節や土地によってさまざまです。とくちょうをあらわすよび名がつけられたものもあります。なかでも、よく知られている風をしょうかいしましょう。

春一番
立春（2月4日ごろ）をすぎて南からふく強い風のうち、最初のものをさす。春が来たことを知らせる風。あたたかくて強い風が日本列島をふきあれる。

野分
秋にふく強い風のこと。野の草を風がわけるようにしてふくという意味。台風をさすこともある（台風については50ページを見てみよう）。

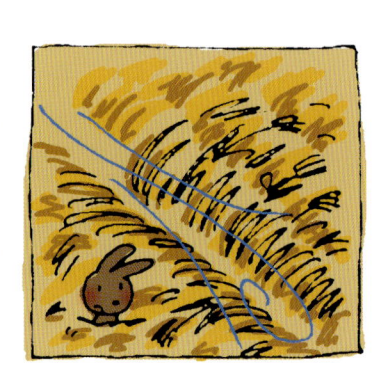

木がらし
秋の終わりから冬のはじめにかけて、北からふくつめたい風のこと。木の葉を落とし、木をからす風という意味。最初の風は「木がらし1号」とよばれ、冬が来たことを知らせる風となる。

おろし・だし・やませ
全国各地にふく強い風には、それぞれ名前がつけられている。冬、山からふきおろす風は「おろし」といい、兵庫県の「六甲おろし」が有名。また、山の谷間や川を下って、海や平野にふきだす風を「だし」といい、新潟県の「荒川だし」などがある。このほか夏に東北地方の海岸ぞいでふくつめたい風を、「やませ」とよぶ。

ビル風
大きなビルがならんだ大都市でおこりやすい風のことをいう。風がビルをまわりこみ、とつぜん強くふきあげたり、ふきおろしたり、うずをまいたりする。

植物や動物も風を使っている

　植物の中には、風を使ってたねや花粉を遠くへ運び、なかまをふやすものがあります。たとえば、ふわふわとしたタンポポのわた毛や、プロペラ型のカエデの実は、風にのって遠くへたねをとばすのに、つごうのよいかたちです。また、風を利用してとぶ鳥もいます。トビやワシなどは空へのぼっていく空気にのって、空高くまいあがります。

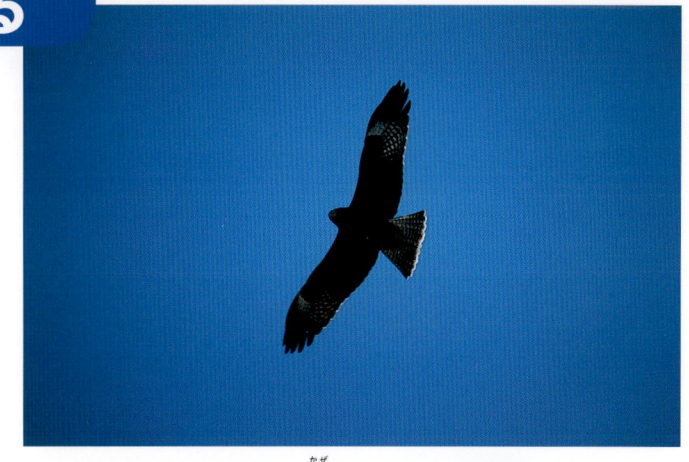

トビはあまりはばたかずに、風にのってまいあがる。

タンポポのわた毛は、たねをつけて遠くまでとぶ。

わくわくじっけん！
風の音を聞いてみよう

風には音がある。風に耳をすますと、どんな音がする？風の音がよく聞こえる道具をつくって聞いてみよう。

じゅんびするもの
- ボール紙
- はさみ
- ビニールテープ

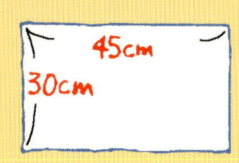

45cm / 30cm

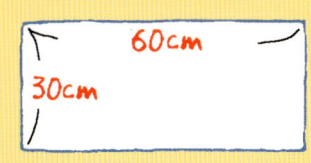

① ボール紙を図のように切る。それぞれを直径5センチメートルくらいのつつになるようにまるめ、テープでとめる。

60cm / 30cm

② 風のふいているところで、つつを耳にあてて聞いてみよう。長いつつと短いつつでは、音の高さはどうちがうかな？

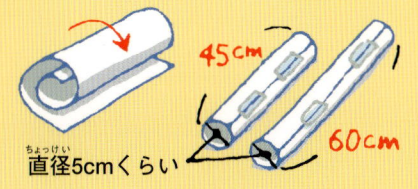

直径5cmくらい　45cm　60cm

27

風はくらしにやくだっている

わたしたちは、むかしから風を生活に利用してきました。風車を使って水をくみあげたり、船を走らせたり、また、風とおしのよいところでイネや魚をほしたりすることもあります。くらしの中で、どのように風が生かされているか見てみましょう。

風の力で電気をつくる

風で風車を回して電気をつくる方法を風力発電といいます。この発電方法は、石油などを燃やさず、空気をよごさないため、日本でも少しずつふえてきています。海の近くなどの、風がよく通る広々とした場所には、風力発電所がつくられ、たくさんの風車が電気をつくりだしています。

↑風力発電用の風車。はねの長さは26メートルもある（北海道の苫前グリーンヒルウィンドパーク）。

→これも風力発電用の風車だが、風を受ける部分が、まるいつつのようなかたちをしている。

←水をくみあげる風車

風車は水をくみあげるためにも使われる。これは、アメリカ西部で農業用につくられたものと同じ風車。

風車はむかしから使われている

風車は大むかしからあり、小麦をひいて粉にしたり、地下水をくみあげたり、よぶんな水をくみだしたりするのに使われてきた。とくに風車がはったつした国はオランダで、今でも、むかしながらの4まいのはねを持つ風車が使われている。たくさんの風車がならぶ土地は、観光の名所にもなっている。

オランダで今も使われている、水をくみあげるための風車（ロッテルダム郊外のキンデルダイク）。

レジャーに使われる風

風はレジャーにも使われています。ヨットやウインドサーフィンは、風を帆に受けて、海の上を走ります。パラグライダーや熱気球は、風の力をかりて空をとびます。また、お正月によく見られるたこあげも、風がないとできません。ほかにも風を使った遊びがいろいろあります。さがしてみましょう。

←まるで鳥のように大空をとぶ、パラグライダー。山の上からとび、風にのって草原などにおりる。

（社）日本ハンググライディング連盟 松原正幸

帆に風を受け、すべるように海の上を走る遊び、ヨット（右）とウインドサーフィン（下）。

→熱気球は、大きなふうせんの中にガスであたためた空気を送りこんでうきあがり、風に流されて空の旅をする。

29

雲のひみつ

白くて、いろいろなかたちがある、空の雲。
雲って、なにからできているのでしょうか？
雲のひみつを知って、もっと天気についてくわしくなりましょう。

空にうかんだ雲。これからどこへ行くのかな？ どんなかたちになるのかな？

雲をかんさつしてみよう

　雲は、空のあちらこちらに生まれ、動きながらどんどんかたちをかえ、大きくなったり小さくなったりします。そしていつかは消えてしまいます。同じかたちのものはひとつもありません。雲を同じ場所でつづけてかんさつし、ノートにきろくしてみましょう。

うわー、大きな雲だね！

8月14日　はれ
午後4時15分
山の横のほうから大きな雲が出てきた。むくむくともりあがった雲だ。

むくむく動いて、生きものみたいだ

午後4時18分（3分後）
雲はゆっくりと上へもりあがっている。かたちがさっきよりも四角くなった。

午後4時20分（さらに2分後）
今度は横に広がりはじめた。さらに大きくなっていく。

　雲を写真にとると、あとからじっくりと見くらべることができる。カメラをまどやベランダの平らなところにおくか、三脚を使って、カメラを固定すると便利だ。3分おきから5分おきにシャッターを切るようにしよう。カメラの位置をきめるとき、写真のすみにたてものなどが少し入るようにすると、雲の動きがよくわかる写真になる。

いろいろな雲

空の雲にはたくさんの種類があるように見えますが、かたちやできる高さによって大きく10種類に分けられています。どんな雲が出ているかによって、今の天気や、このあと天気がどうかわっていくかなどがわかります。それぞれの雲を見てみましょう。

高い空の明るい雲

すじ雲（巻雲）

ほうきではいたように、うすくすじをえがく雲。きぬ糸のように見えるので、きぬ雲ともいう。空のとても高いところにできる。この雲がたくさんならんで広がると、次の日に天気が悪くなることがある。

うろこ雲（巻積雲）

魚のうろこのように、小さなまるい雲がたくさんならんでできている雲。いわし雲ともいう。秋の空によく見られる。

うす雲（巻層雲）

空全体にうすいまくをかぶせたように見える。太陽のまわりには、にじのような光の輪ができる。これを「太陽にかさがかかる」という。この雲が出ると、天気が悪くなりやすい。

ひつじ雲（高積雲）

大きくまるみをおびた雲の集まりで、ヒツジのむれのように見える。うろこ雲ににているが、うろこ雲より大きく見え、低いところにできる。

空に広がる暗い雲

おぼろ雲（高層雲）
空全体をおおう、うすねずみ色のまくのような雲。うす雲ににているが、もっとあつみがあり、太陽や月もぼんやりとしか見えない。地上にもかげができなくなる。この雲が出ると、天気は悪くなりやすい。

雨雲（乱層雲）
空をおおう、はい色のぶあつい雲。この雲が出ると、昼間でもうすぐらくなり、やがて雨や雪がふりだす。

くもり雲（層積雲）
ひつじ雲ににているが、ひとつひとつの雲が大きく見え、畑のうねのようにならんでいる。空の低いところにできる。高い山に登ったとき下に見える雲海は、この雲であることが多い。
（雲海については37ページを見てみよう）

きり雲（層雲）
雲の中では、空のいちばん低いところにできる。山の間に多く見られ、山はだをはうように、ゆっくりとのぼっていく。この雲がかかると、きり雨がふることもある。
（きり雨については45ページを見てみよう）

33

低い空から上にのびる雲

かみなり雲（積乱雲）
わた雲から成長した雲が、空の高いところまでカリフラワーのようなかたちにもりあがったもの。かみなりをおこし、強い雨をふらせる雲で、入道雲ともよばれる。しかし成長しなくなると、しだいにすじ雲やひつじ雲などにかわっていく。

かみなり雲が空の高いところまでのぼり、横に広がったもの。かなとこ雲とよばれる。

わた雲（積雲）
青空にわたがしのようにうかぶ雲。日ざしが強いときにできやすい。太陽の光で陸や海があたためられると、あたたかい空気が上空にのぼってわた雲が成長し、入道雲という大きな雲になることもある。

きれいな色がついた雲、彩雲

彩雲は、太陽の光があたって、一部ににじのような色がついた雲。むかしはこの雲のことを「天にあらわれたおめでたいしるし」といっていた。

（にじについては46、47ページを見てみよう）

ひこうき雲ってなあに？

ひこうき雲は、ひこうきのとんだあとにできる、すじのような雲。上空の空気がひえていて、湿気が多いときにできることが多い。ひこうきが出したはいきガスにふくまれるちりに、水蒸気がついてできる。

＊水蒸気…水が、目に見えないかたちになって空気にふくまれるものをいう（38、39ページを見てみよう）。

ひこうき雲はたいていすぐ消えるが、湿気の多いときには成長して広がることもある。

青空に白い線をかいたような、ひこうき雲。

雲のできる高さはきまっている

雲には、上空の高いところにできるものもあれば、低いところにできるものもあります。

それぞれの雲ができる高さを知っておくと、雲をかんさつするときにやくだちます。

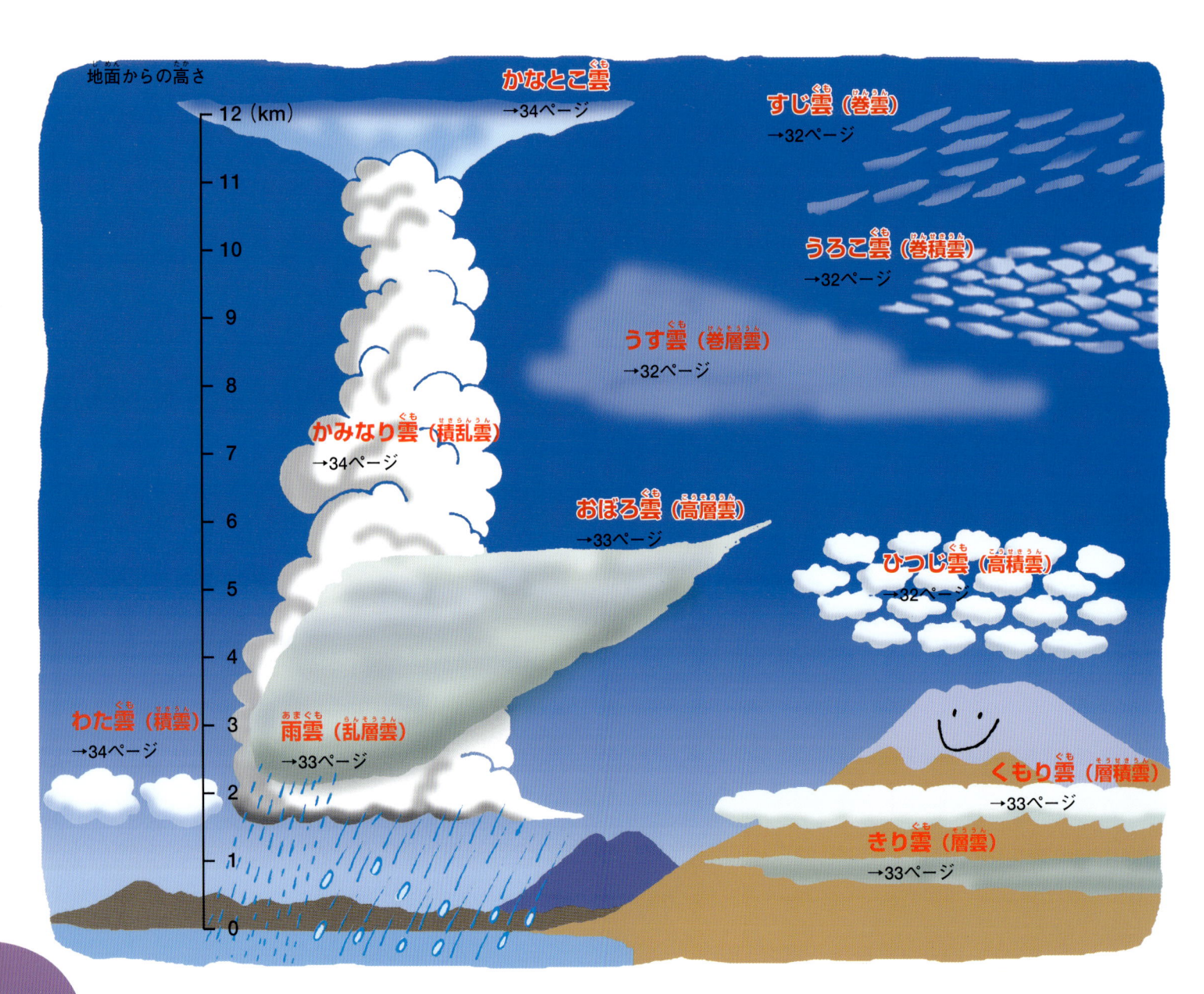

地面からの高さ

- かなとこ雲 →34ページ
- すじ雲（巻雲） →32ページ
- うろこ雲（巻積雲） →32ページ
- うす雲（巻層雲） →32ページ
- かみなり雲（積乱雲） →34ページ
- おぼろ雲（高層雲） →33ページ
- ひつじ雲（高積雲） →32ページ
- わた雲（積雲） →34ページ
- 雨雲（乱層雲） →33ページ
- くもり雲（層積雲） →33ページ
- きり雲（層雲） →33ページ

きりは雲のなかま

山や川、海の近くに行ったとき、雨あがりなどに、目の前が白っぽくぼやけて、先のものが見えないことがあります。これがきりです。きりは雲と同じものですが、できる高さがちがいます。ふつう雲は上空の2キロメートル以上の高いところに、きりは地面にくっつくような低いところにできます。

きりの中にいるのは、雲の中にいるということ。もし山の中できりにつつまれてしまうと？

まわりが真っ白で見えないよー！

きりが山の中に出た。太陽がまぶしくなく、白く見える。

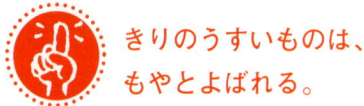

きりのうすいものは、もやとよばれる。

雲の上はどうなっているの？

ひこうきにのるときや山に登るときは、雲の上を見るチャンス。ひこうきは、雲の上の晴れた空をとぶことが多い。右の写真はひこうきから雲を見おろしたところ。雲より高いところに行くと、こんなけしきが見られる。雲が海のように見えることから、「雲海」とよばれる。

ひこうきの窓から見た雲海（左上に写っているのは、ひこうきのつばさ）。

37

雲はなにからできているの？

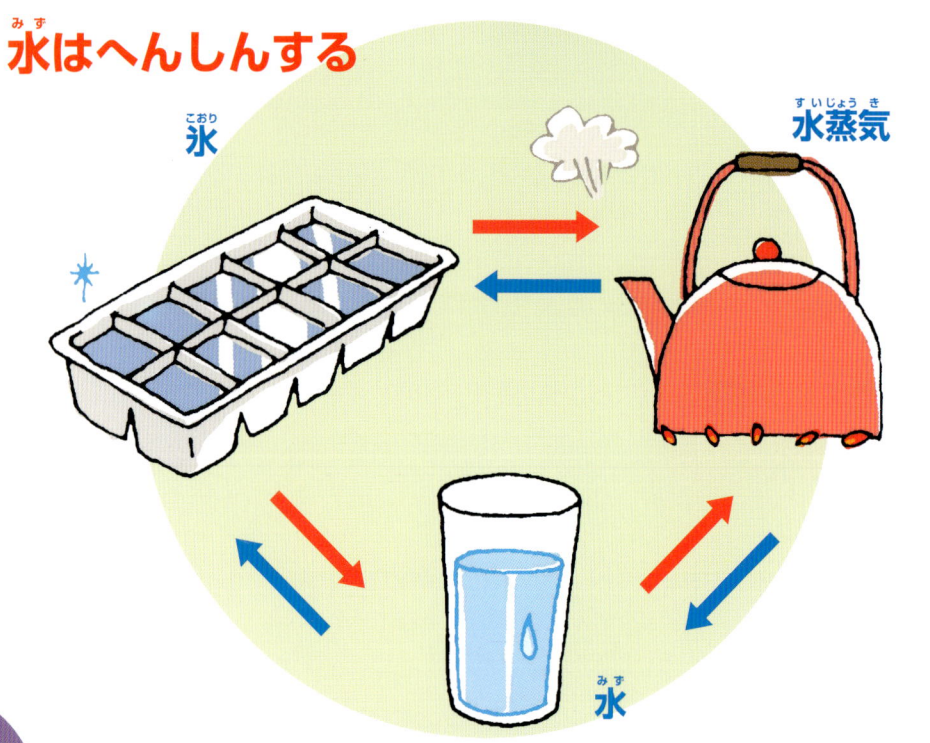

　白くふわふわして見える雲は、なにからできているのでしょうか？　こたえは水です。同じ水なのに、ふだんわたしたちが手をあらったりする、とうめいな水とはちがい、白く見えます。どうしてそのように見えるのか、さぐってみましょう。

水はへんしんする

氷　　水蒸気　　水

　水は、まわりの温度によってすがたがかわります。あたためられると、水蒸気という見えないものになって、空気にふくまれます。また、水がひやされると、かたまって氷になります。

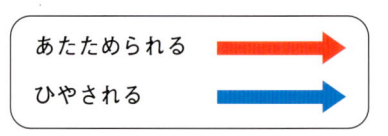

あたためられる	→
ひやされる	→

わくわくじっけん！ 雲のしくみをたしかめよう

じゅんびするもの

やかん
水
コンロ
スプーン（2本）
金属製で柄がプラスチックのものがよい。

❶ やかんに水を入れ、コンロにかける。お湯がわいてくると、やかんの口からなにかが出てくるので、横から見てみよう。口の上の少しはなれたところに、白いけむりのようなもの（ゆげ）が見えるかな？→図の **あ**

❷ スプーンを、やかんの口とゆげの間のなにも見えないところ（図の **い**）にさしいれてみよう。スプーンについたものはなにかな？

❸ 今度はもう1本のスプーンを白いゆげにあててみよう。スプーンについたものはなにかな？

水がお湯になると、ぐつぐつと音がしてあわが出てくる。

＊やかんの口の上は熱くなっているので、やけどをするおそれがある。のぞきこんだり手をかざしたりしないように気をつけよう。

温度が低い
温度が高い

水があたためられて、水蒸気という目に見えないかたちになって、空気にふくまれる。

水蒸気が空気でひやされ、小さな水のつぶになって白く見える。これは雲と同じしくみ。
↓
スプーンに水てきがつく。小さな水のつぶが集まって、水てきになったんだ。

→ スプーンに水てきがつく。水蒸気がつめたいスプーンにふれて水てきになったんだ。

まだある！水蒸気が水になるところ

コップに水てきがつく

コップにつめたい水を入れておくと、まわりに水てきがつく。空気中の水蒸気がコップのまわりでひやされて水てきになるんだ。

寒いとき息が白くなる

冬の寒い日、はいた息が白く見える。息にふくまれる水蒸気が、外の空気でひやされて小さな水のつぶになり、白く見えるようになるんだ。

まどがくもる

へやの空気にふくまれる水蒸気がガラスでひやされ、小さな水のつぶになって白く見えるんだ。

雲のできるしくみ

空の雲もやかんのゆげと同じように、水のつぶからできています。海や川や地面の水が太陽の光であたためられると、水蒸気となって上空へのぼっていきます。これが気温の低い上空でひやされると、水や氷の小さなつぶにかわって雲となり、白く見えるのです。
（水蒸気については38、39ページを見てみよう）

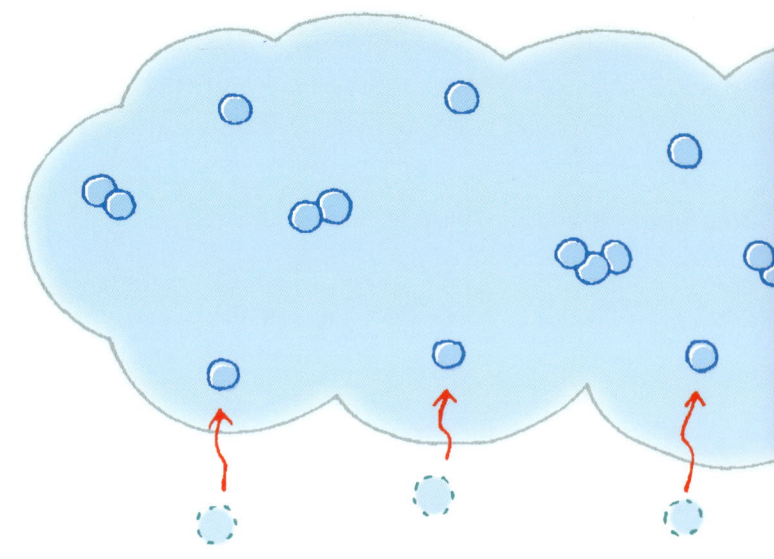

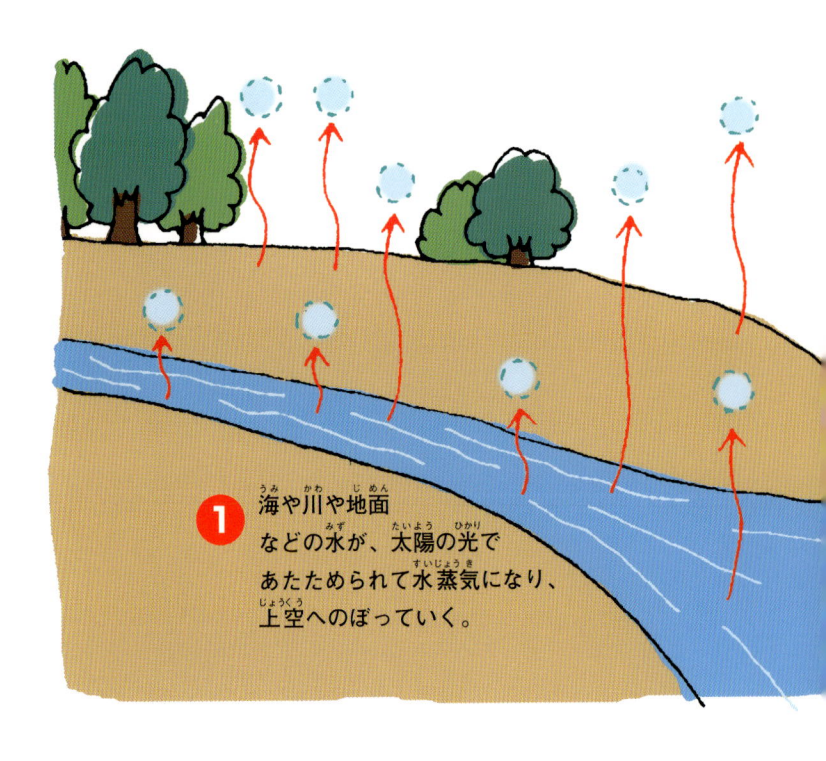

雲って
こんなふうにして
できているんだ！

☝ 雨のふるしくみについては44ページ、雪のふるしくみについては57ページを見てみよう。

❷ 上空は気温が低いので、水蒸気はひやされて水や氷の小さなつぶになる。

❶ 海や川や地面などの水が、太陽の光であたためられて水蒸気になり、上空へのぼっていく。

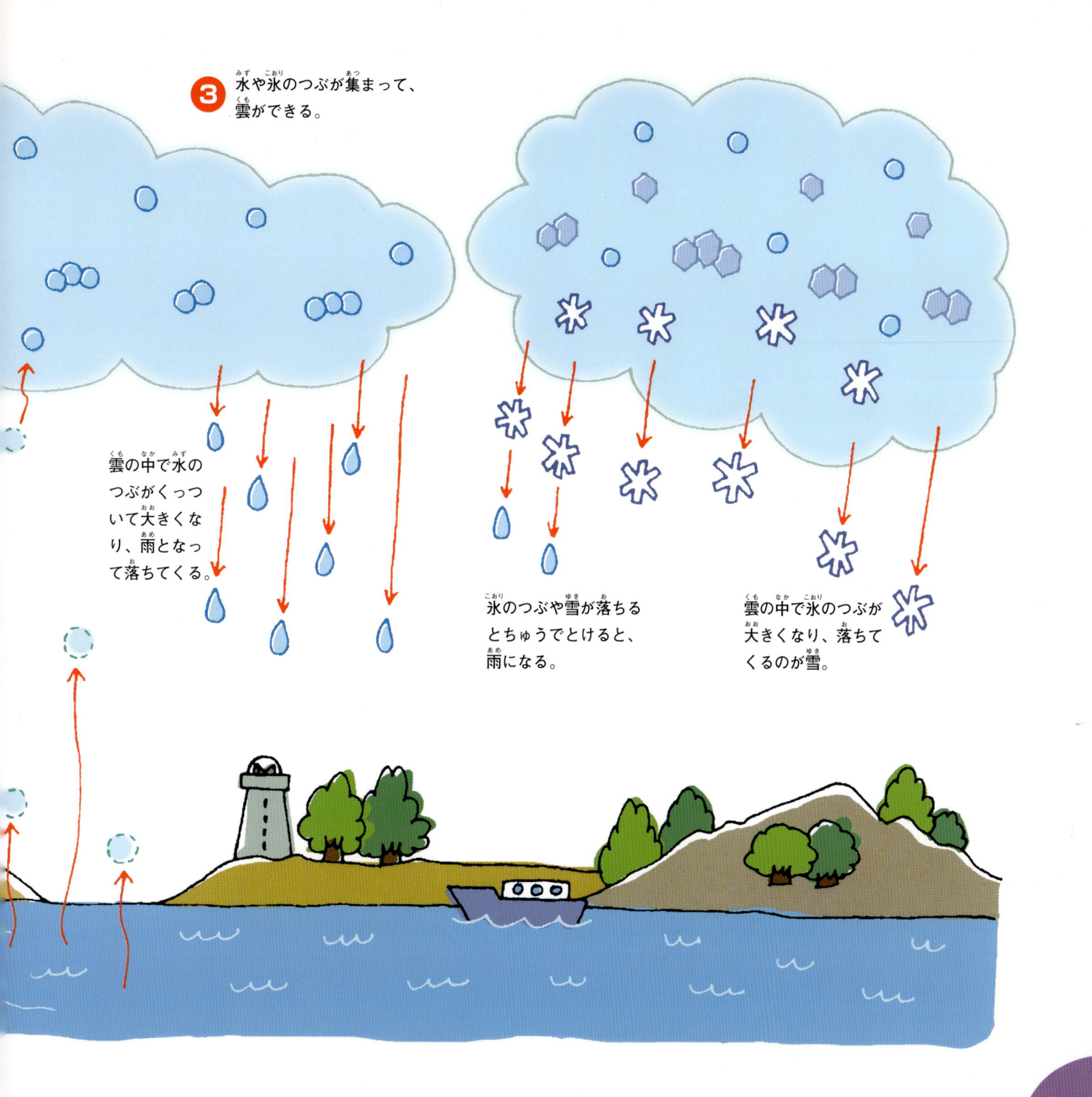

❸ 水や氷のつぶが集まって、雲ができる。

雲の中で水のつぶがくっついて大きくなり、雨となって落ちてくる。

氷のつぶや雪が落ちるとちゅうでとけると、雨になる。

雲の中で氷のつぶが大きくなり、落ちてくるのが雪。

雨と雪のひみつ

空からシャワーのように水がふる、雨。
そして、とても寒い日には、かき氷のような雪もふります。
どうして、空から水や氷がふってくるのでしょうか？

しとしとふる雨の中、かえるがアジサイの花の上で気持ちよさそうに水あびしている。

雨がふるのはどんなとき？

天気でいちばん気になることは、雨がふるかどうかだ、という人は多いでしょう。なぜなら、雨がふる日には、ぬれないようにかさを持って出かけなければならないからです。では、どんなときにかさを持って出かければよいでしょうか？

空が暗くて、はい色の雲が出ているときには、かさを持っていくよ。
（雨をふらせる雲については33、34ページを見てみよう）

朝晴れていれば、かさは持っていかないよ。でも、夕方きゅうにかみなりがなりだして、雨がふってきちゃったことがあるんだよね。
（かみなりについては52ページを見てみよう）

梅雨のころは雨がよくふるから、いちおう毎日かさを持って出かけるよ。
（梅雨については48ページを見てみよう）

晴れていても雨がふる？

雨がふるのは、くもっているときが多い。しかし、青空が見えていて、太陽の光がさしていても雨がふることがある。これを天気雨という。天気雨にはふたとおりある。流れていった雲や遠くの雲から風にのって雨がふってくる場合と、真上に雨雲があるのに太陽が出ている場合。ただし、天気雨はすぐにやむことが多い。

晴れているのに雨がふっている。高くもりあがった雨雲の真ん中（やじるしのあたり）、白くけむって見えるのが雨。

雨のふるしくみ

　雨は、雲をつくっている水や氷のつぶが大きくなって落ちてくるものです。雨をふらせる雲には、雨雲、きり雲、かみなり雲があります。雨には「あたたかい雨」「つめたい雨」のふたとおりがあり、雨のつぶのできかたがちがいます。しくみを見てみましょう。
　（雨をふらせる雲については33、34ページ、雲のできかたについては40、41ページを見てみよう）

あたたかい雨

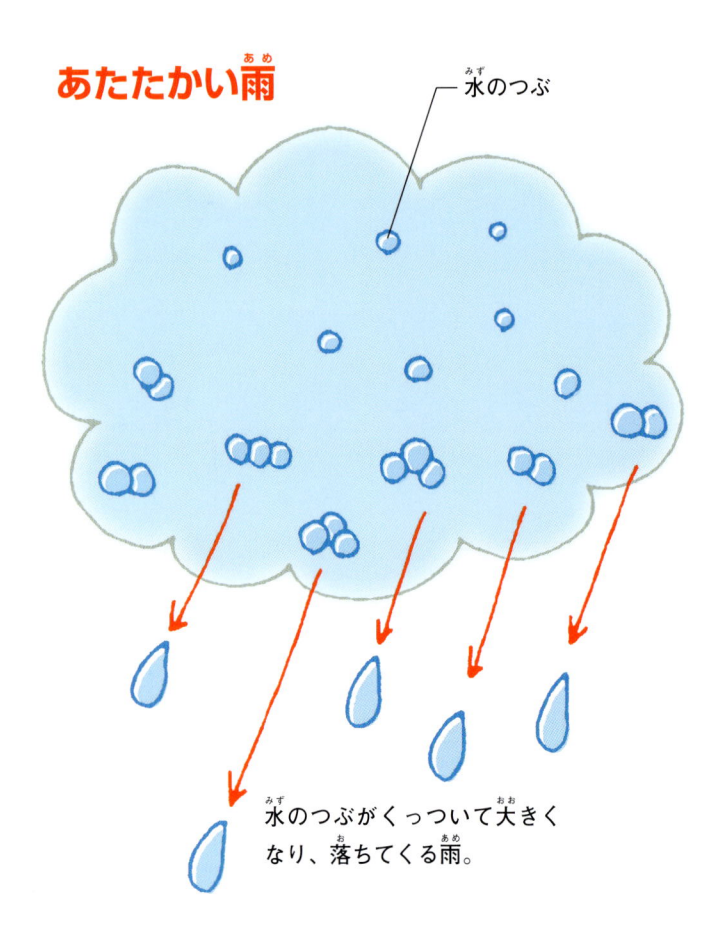

水のつぶ

水のつぶがくっついて大きくなり、落ちてくる雨。

つめたい雨

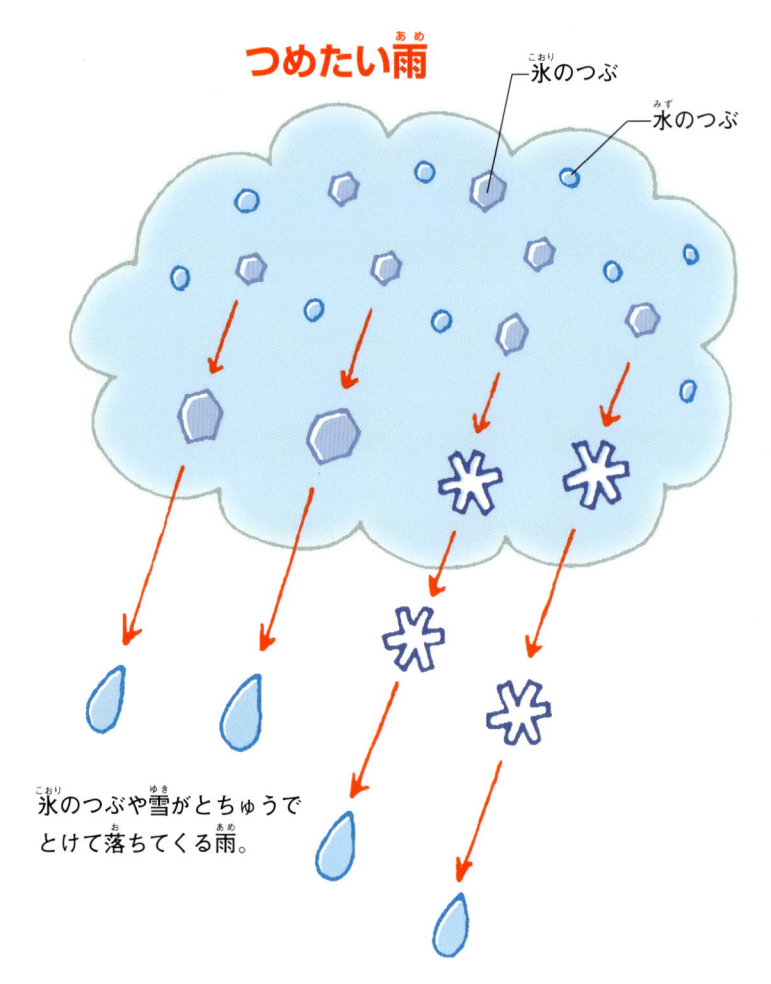

氷のつぶ
水のつぶ

氷のつぶや雪がとちゅうでとけて落ちてくる雨。

日本でふる雨のほとんどは「つめたい雨」とよばれるもの。いっぽう「あたたかい雨」はおもに赤道近くの暑い国でふる。

いろいろな雨

日本には雨のよび名がたくさんあります。それは、雨がどのようにふるか、また、どんな季節や時間にふるか、などによって区別され、名づけられています。雨のよび名を見ると、むかしの人にとって、雨が身近なものであったことがわかります。

ふりかたによる雨のよび名

きり雨
きりふきでふいた水のように、とても細かい雨。かさをささなくてもすむくらい。

小雨
しとしとと静かにふる、細かい雨。

大雨
はげしくふる雨。短い時間にたくさんの雨がふる。豪雨ともいう。

にわか雨
とつぜんふりだして、すぐにやむ雨。通り雨ともいう。夏の夕立もこれにあたる。

季節による雨のよび名

春雨
春、静かにふる雨。

夕立
おもに夏の夕方にふる、にわか雨。かみなりをともなうことが多い。

時雨
11月から12月にかけての寒くなったころにふる雨。ぱらぱらと、ふったりやんだりする。

酸性雨ってなあに？

酸性雨は、ふつうより強い酸性のせいしつを持った雨のこと。石油や石炭をもやしたときに出るガスなどが上空にのぼって、雨といっしょになってふるといわれている。酸性雨によって、森の木がかれたり、魚や野生動物が死んだりして、問題になっている。

＊酸性…もののせいしつの一種で、レモンのしるのようなすっぱいものに多い。酸性かどうかは、青色リトマス試験紙を使って調べると、赤色にかわるのでわかる。

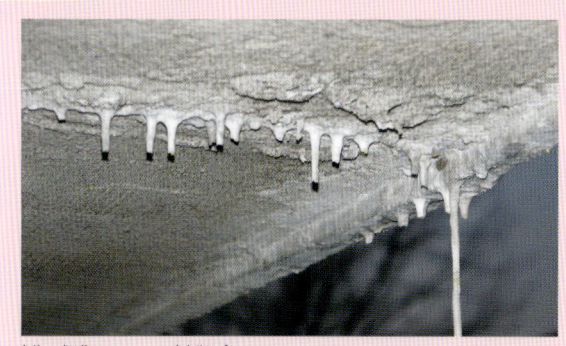

長い間にふった酸性雨によって、とけてしまったコンクリート。まるでつららのようだ。

どうしてにじができるの？

空にかかった大きな橋のように見えるにじ。美しい7色の光に分かれ、弓のようなかたちをえがいています。夏の夕立のあとなどによく見られます。

→公園のふん水にあらわれた、小さなにじ。

大空にかかった、大きなにじの橋。にじが見えている空の下のほうでは、雨がふっている。

にじのひみつは、大気中の水のつぶ

にじが雨あがりに見られるのは、大気中に小さな水のつぶがたくさんただよっているからです。そのつぶに太陽の光があたると、つぶがプリズムのようなやくめをして、7色の光に分かれて見えるのです（18ページを見てみよう）。また、弓型をしているのは、もともとにじは円で、その一部が見えるからです。きれいな弓型をしているものもあれば、はしのほうが消えているものもあります。

👉 色のならび順はきまっている。弓型の外がわから、赤、だいだい、黄色、緑、青、あい色、むらさきの順。

にじは、太陽の反対の方角にできるんだよ

わくわくじっけん！ にじをつくろう

屋外でつくる方法

晴れた日、水の使える広い場所で、太陽を背にして立ち、きりふきで水をまく。水の落ちるあたりに、にじが見えるかな？　見えないときは、水をまく向きを少しかえたりして、くふうしてみよう。

じゅんびするもの
きりふき
水

きりふきを使うと、水が小さなつぶになるので、にじができやすいが、シャワーでもつくることができる。

屋内でもできる方法

せんめんきに水をはり、かがみをななめに入れる。かがみで太陽の光を受け、その光を白い紙にあててみよう。にじがうつるかな？　紙のかわりに、白いかべでもじっけんできる。

じゅんびするもの
かがみ
せんめんき
水
白い画用紙

このほか、とうめいなじくのボールペンを白い画用紙の上に立てて、光をあててもにじがうつることがある。

梅雨ってなあに？

5月から7月にかけて40日以上も雨やくもりの日がつづく時期があります。これが梅雨です。このころ、北から来るつめたい空気と、南から来るあたたかくしめった空気が日本列島の上空でぶつかるため、雲がたくさんでき、雨がふりやすくなるのです。梅雨は、北海道をのぞく全国にあり、沖縄からはじまって、だんだん北の地域も梅雨入りをしていきます。

＊「梅雨」は「ばいう」と読むこともある。

梅雨がはじまることを「梅雨入り」、梅雨がおわることを「梅雨明け」という。梅雨入りと梅雨明けは、日本列島の南のほうが早く、北のほうがおそい。

←梅雨の前に田植えがおこなわれる。梅雨の雨は、イネを育てるのに大切。

沖縄（那覇）
梅雨のおとずれが全国でいちばん早い沖縄は、梅雨入りが5月8日ごろ、梅雨明けが6月23日ごろ。

↑6月の終わりごろ、沖縄はいち早く夏になる。

鹿児島
梅雨入りは5月29日ごろ、梅雨明けは7月13日ごろ。

← 梅雨の時期にさくアジサイの花。雨にぬれたすがたがにあっている。

北海道
北海道には梅雨がない。ほかの地方が梅雨でじめじめしているとき、北海道ではさわやかな晴れの日がつづく。

↑ 梅雨のない北海道は、6月でもよく晴れている。

青森
梅雨入りは6月12日ごろ、梅雨明けは7月27日ごろ。

東京
梅雨入りは6月8日ごろ、梅雨明けは7月20日ごろ。

大阪
梅雨入りは6月6日ごろ、梅雨明けは7月19日ごろ。

梅雨前線
北から来るつめたくしめった空気（オホーツク海高気圧）と、南から来るあたたかくしめった空気（太平洋高気圧）が日本列島の上空でぶつかってできる前線。梅雨のときには、この前線が日本列島の近くにいすわり、つぎつぎに雨雲がつくられ、前線の北がわにたくさんの雨をふらす。

＊前線…せいしつのちがうふたつの空気のぶつかる面が、地面とまじわっているところ（65ページを見てみよう）。

＊いつごろ梅雨入り、梅雨明けをするかは、年によってちがう。ここに書かれている日づけは30年間きろくをとって、平均を出したもの。

台風ってなあに？

　毎年、おもに夏から秋にかけて、日本にはいくつかの台風がやってきます。はげしい風や雨をもたらす台風とは、いったいどのようなものでしょうか。くわしく見てみましょう。

台風のできかた

　台風は、赤道近くの海で生まれます。海の上のあたたかくしめった空気が上空へのぼり、ひやされて雲ができます。その海上にまわりの空気が流れこみ、つぎつぎ上空へのぼっていきます。こうして雲は大きなうずまきに成長し、強い風と大雨のもとになるのです。

（雲のできるしくみについては40、41ページを見てみよう）

台風の進みかた

　赤道近くで生まれた台風は、海上で発達しながら風にのって北西に進みます。太平洋にある高気圧が強いときは、そのまま西へ進み、大陸のほうへ行ってしまいます。しかし、高気圧が弱いと、北東に向きをかえて進みます。

台風の一生

　台風は、1年間に約20〜30個生まれ、順に1号、2号と数字をつけてよばれます。そのうち日本列島に近づくのは10個前後、上陸するのは約2〜4個です。台風のいのちは、短いものは数時間、長いものは2週間以上です。

> 台風の正体は「熱帯低気圧」とよばれるもののうち、日本の南のほうの海で生まれ、とくに強い風をともなうもの。

毎日新聞社提供

台風のしくみ（断面図）

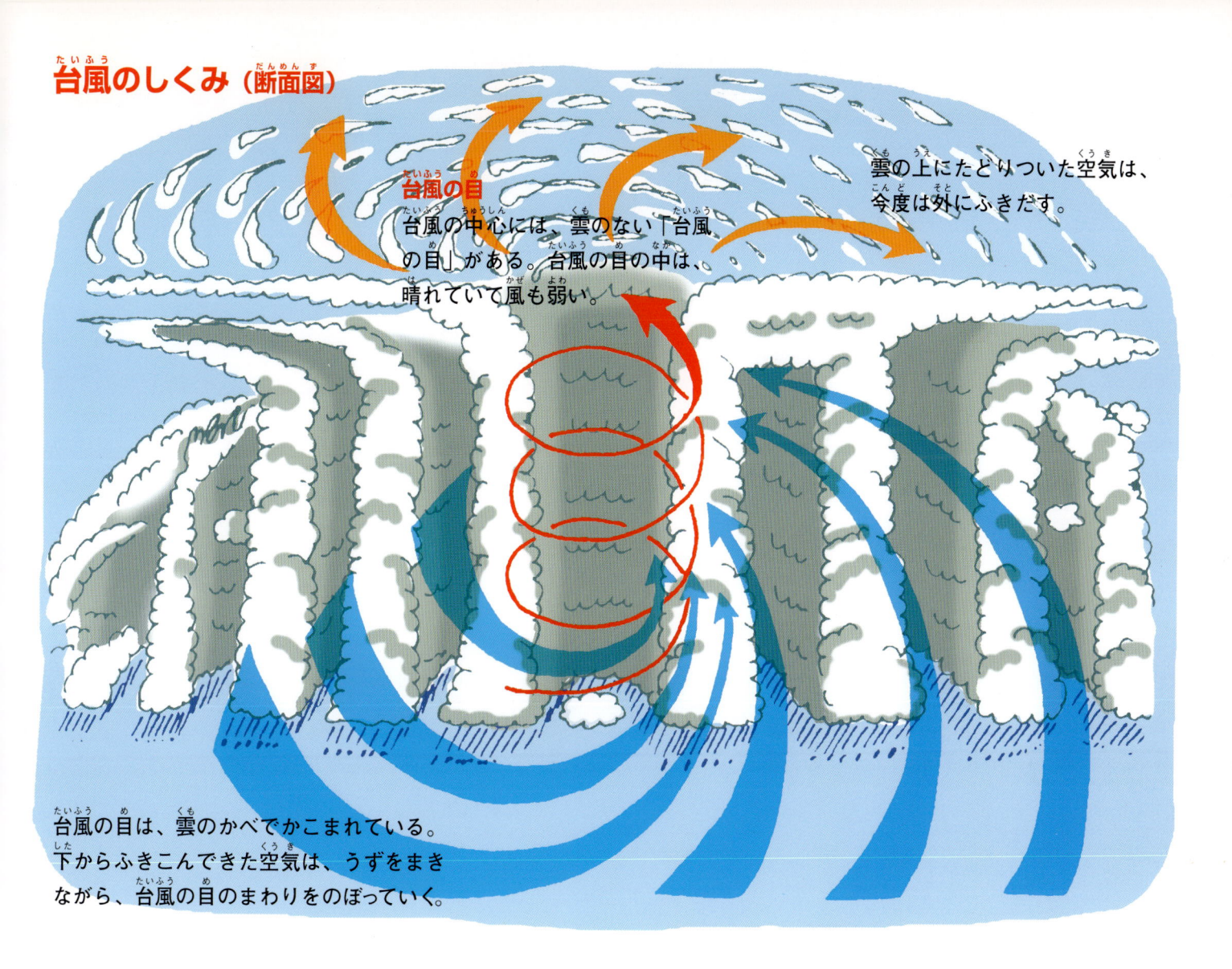

台風の目
台風の中心には、雲のない「台風の目」がある。台風の目の中は、晴れていて風も弱い。

雲の上にたどりついた空気は、今度は外にふきだす。

台風の目は、雲のかべでかこまれている。下からふきこんできた空気は、うずをまきながら、台風の目のまわりをのぼっていく。

台風のひがい

台風のはげしい風や雨によって、木がたおれたり、農作物がいたんだりするほか、たてものがこわれたり、川から水があふれだして、家や田畑が水びたしになったりするなど、ひがいが出ます。また、海では高い波が岸におしよせたりします。

台風のなかま

赤道近くの海の上で生まれる、台風と同じような熱帯低気圧は、生まれた場所によって、ちがう名前でよばれます。アメリカやメキシコをおそう「ハリケーン」や、インドやオーストラリアをおそう「サイクロン」があります。

51

どうしてかみなりがおきるの？

夏の夕方、きゅうに暗くなり、雨雲がやってきた、というようなときに、かみなりがおきることがあります。空にいなずまがぴかっと光り、ごろごろ、どかーんという音をたてるのが、かみなりです。かみなりの正体はなんでしょうか？

→ ↓ いなずまは、ジグザグの線をえがいて、さまざまな方向に流れる。右の写真はかみなりが落ちたところ。

かみなりの正体は電気

かみなりは、かみなり雲（積乱雲）から流れる電気です。雲の中にある氷のつぶがぶつかりあうときに電気がおき、それが光や音を出しながら空気中を流れるのです。
（かみなり雲については34ページを見てみよう）

ひらいしんをさがしてみよう

ビルなどの屋根や屋上に、細いぼうが立っているのを見たことがあるかな？　これはたてものをかみなりからまもる「ひらいしん」。屋根よりも高いところに、電気を通しやすい金属でできたひらいしんを立てておけば、かみなりは、ひらいしんに落ちる。そしてかみなりの電気は地中へ流れるようになっているので、たてものは安全なのだ。

かみなりから身をまもるには？

かみなりは人に落ちることもあります。かみなりがおきているとき、外にいるのはきけんです。どうすれば安全でしょうか？

高い木があったら、その木のえだよりも約2〜3メートル外がわの位置まではなれて、しゃがもう。

たてものや自動車が近くにあるときは、すぐに中へ入ろう。これがいちばん安全な方法だ。

運動場、田畑などのひらけた場所では、しせいを低くして、なるべく早くたてものや自動車の中にひなんしよう。また、かさをさすのはきけんだ。

水は電気を通しやすいので、プールや海などにいるのは、とてもきけん。すぐに水から出よう。

かみなりはたいてい、いなずまが光ってしばらくしてから音がする。このようなずれがあるのは、光のほうが音よりも進むのが速いため。光ってすぐに音がするときは、かみなりが近くまで来ているので、ちゅういしよう。

雨と水とわたしたち

雨に助けられている日本

わたしたちが使っている水は、雨や雪の水が川やみずうみなどにたまったものがもとになっています。そのため梅雨の時期にあまり雨がふらなかったり、夏から秋にかけて台風が来なかったりすると、水がたりなくなることがあります。そうすると水道の使用が制限されるので、飲み水はもちろん、トイレの水やおふろのお湯も少ししか使えなくなるし、せんたくや台所のあらいものにも、こまります。また、田や畑に使う水もたりなくなり、米や野菜などもじゅうぶんにつくれなくなります。

このように考えると、じめじめとした梅雨も、大雨のふる台風も、日本にとって大切なめぐみの水だということがわかります。

水の旅

水が水蒸気となって上空にのぼり、雲をつ

雨の水はめぐっている

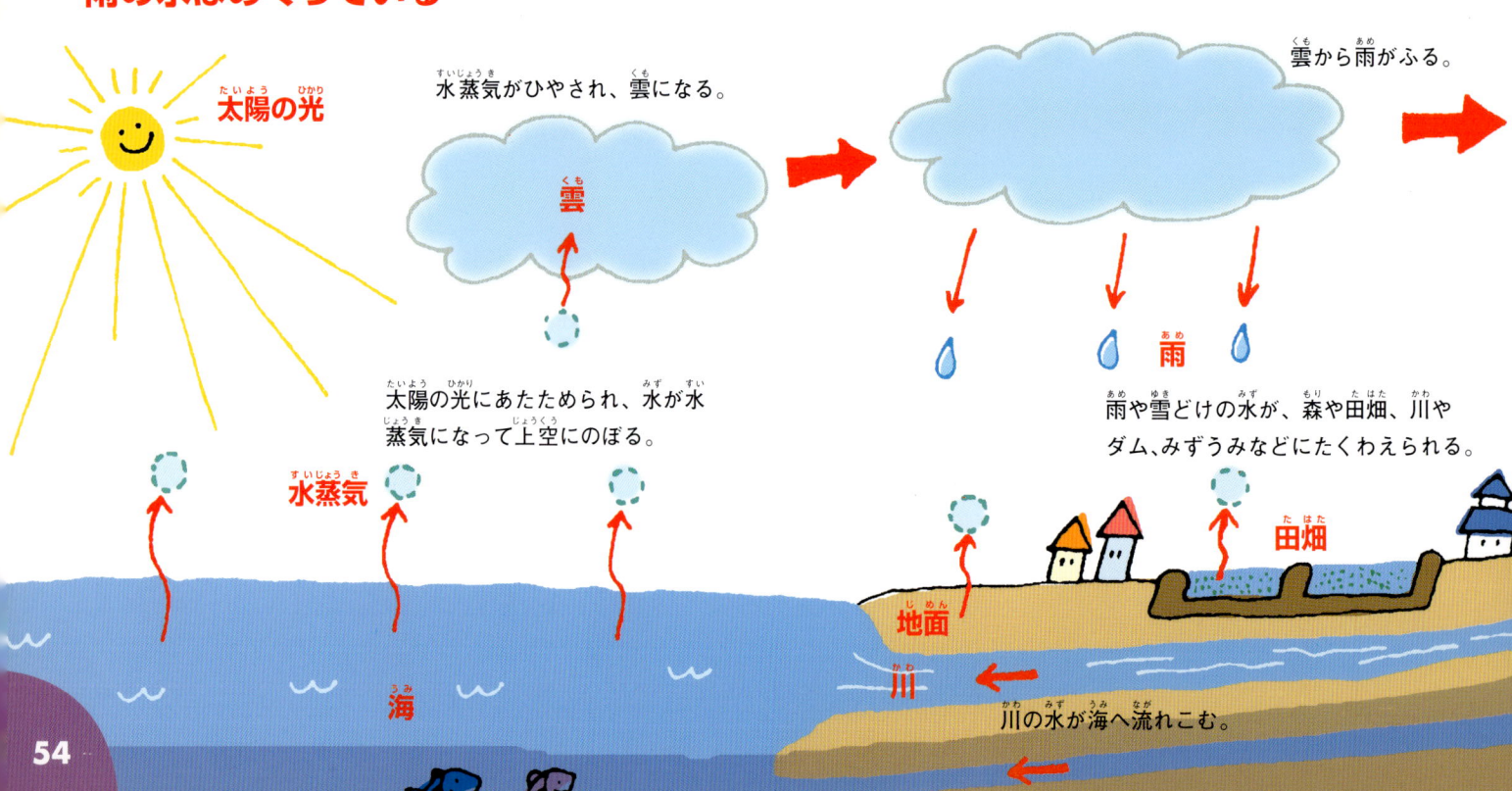

太陽の光

水蒸気がひやされ、雲になる。

雲

太陽の光にあたためられ、水が水蒸気になって上空にのぼる。

水蒸気

海

雲から雨がふる。

雨

雨や雪どけの水が、森や田畑、川やダム、みずうみなどにたくわえられる。

地面

田畑

川

川の水が海へ流れこむ。

くり、その雲から雨がふる。その雨が大地をうるおし、川やみずうみや地下に流れる。この水は生きものにとってめぐみの水になり、そしてまた上空にのぼって雲をつくる……。水はこのように、ぐるぐるとまわって旅をしています。この水の旅は、自然のしくみをたもつ上でも大切なものです。

水をまもり、自然をまもろう

しかし、わたしたち人間の行ってきたさまざまなことが原因で、自然のしくみがくるいはじめています。たとえば雨のふらない地域ができたり、反対に雨がふりすぎる地域ができたりするのも、人間のしてきたことに関係していることが多くあります。

わたしたち人間だけでなく、さまざまな動植物が生きていくためにも、水は1日だってかかすことのできない大切なものです。地球にすむわたしたちがみんなで力をあわせ、自然をまもらなければなりません。

雲から雪がふる。

雪

みずうみ

ふった雨や雪が川へ流れこんだり、地下へもぐったりする。

ダム

地下水

地下にもぐった水が地下水となり、ゆっくりと川や海へ流れこむ。わき水となって、地上にわきでることもある。

自然には、水がすぐに海へ流れこまないよう、たくわえておくしくみがある。しかし、森の木が切られると、地下水がたくわえられなくなる。また、ダムは川の水をせきとめて、川に流れる水の量をちょうせつするもの。水をたくわえるやくめもしている。

(雲のできるしくみについては40、41ページを見てみよう)

どうして雪がふるの？

冬のとても寒い日、空から白くてつめたいものがふってくることがあります。これが雪です。さらさらとした雪、べたっとした雪、大きくてひらひらとした雪など、いろいろあります。雪のもとは雨と同じように、雲の中でつくられますが、雨とはどのようにちがうのでしょうか？

（40、44ページも見てみよう）

あたり一面、真っ白な雪景色。

雪がふるしくみ

雲をつくっている小さな氷のつぶに水蒸気がくっつくと大きくなります。それが、雲の中を落ちるとちゅうで、さらに大きく重くなると、雪になって落ちてくるのです。
（41ページ、44ページを見てみよう）

ふわりふわりと、雪は空からゆっくりふってくる。

氷のつぶのまわりに、水蒸気がつく。

氷のつぶが大きくなる。

ひやされて、氷のつぶになる。

落ちるとちゅうでさらに水蒸気や水のつぶ、ほかの雪がつく。

小さな水のつぶとなり、雲ができる。

さらに大きくなる。

水蒸気が上空にのぼる。

雪となって落ちる。

日本海がわにはよく雪がふる

日本では日本海がわに雪が多くふり、せたけ以上の深さにつもることがあります。日本海がわに雪が多いのは、日本列島の中央に山が多いため。中国大陸のほうからふいてくる北風は、日本海をわたるときに海から水蒸気をたくさんとりこみ、雪をふらせる雲ができます。その雲が山にぶつかって成長し、大雪をふらせるのです。

雪をふらせる雲は、雨をふらせる雲と同じ乱層雲と積乱雲だ。
（33、34ページを見てみよう）

日本海がわの地方では、雪が深くつもる。

いろいろな雪

ふってきたばかりの雪を見ると、美しいかたちをしていることがあります。これは雪の結晶とよばれます。気温などによって雪は小さい結晶のままだったり、結晶がくっつきあって大きくなっていたりします。小さい雪と大きい雪をくらべてみましょう。

小さい雪

←気温が低いときにふる雪は、小さいまま落ちてくる。

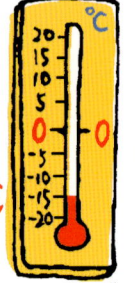

マイナス15度

→気温がマイナス10～15度のときにふった雪の結晶。小さくてすきとおり、6つにえだわかれしている。

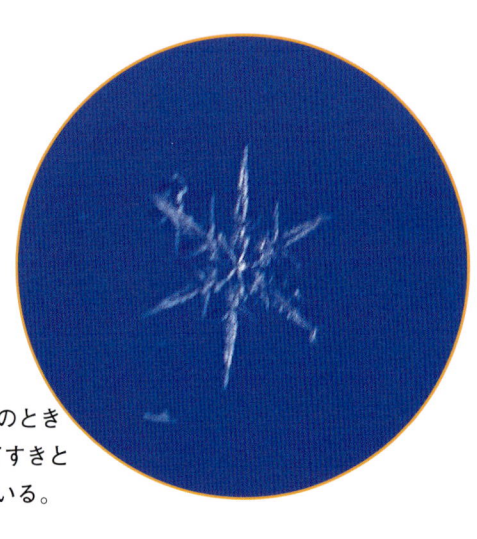

大きい雪

←気温が高めのときにふる雪は、しめっていて重く、木のえだにもつもりやすい。

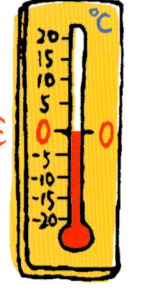

0度

→気温が0度くらいのときにふった雪は、結晶がたくさんくっつきあい、白い氷のつぶもくっついている。

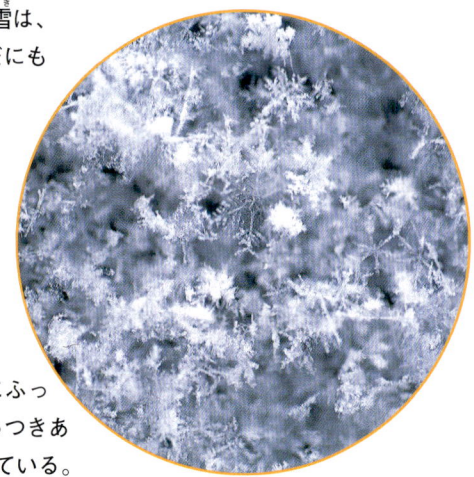

雪のなかま

空から氷のかたまりがふってくることがある。氷のつぶが落ちるとちゅうで、風によってなんども上空にふきあげられて大きくなると、大きな氷のかたまりになり、地上に落ちてくる。このうち直径が5ミリメートル以上のものを、ひょうといい、それよりも小さいものはあられとよばれる。また、あられににたものに、雨のつぶがこおった凍雨がある。

← 米つぶのようなかたちをしたあられ。直径が5ミリメートルより小さい。

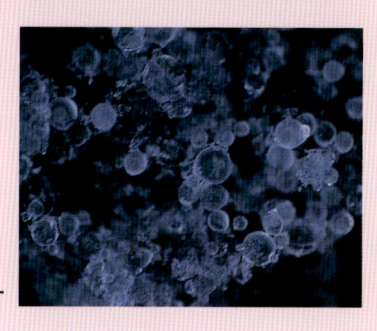

← 凍雨
雨がふってくるとちゅうで、つめたい空気にふれてこおったもの（写真の凍雨は直径2ミリメートルくらい）。

小さい雪と大きい雪、どうちがうの？

小さい雪と大きい雪は、見ためだけでなく、ほかにもちがいがあります。どんなちがいがあるでしょうか？

小さい雪 ❄
大きい雪 ❆

つもったばかりの雪を足でふんでみると？
❄ ギュッギュッという音がする。
❄ 音がしない。

服についた雪を手ではらうと？
❄ すぐに落ちて、ぬれない。
❄ 落ちずにとけて、服がぬれてしまう。

つもったところを足でけってみると？
❄ けむりみたいに、高くまいあがる。
❄ まいあがらず、すぐにぼてっと落ちる。

両手でぎゅっとおしかためてみると？
❄ サラサラしていて、かたまらない。
❄ べたっとしていて、かたまる。

雪だるまをつくるには、どちらの雪がいいかな？

自然がつくった氷を見てみよう

寒い冬の朝、水たまりやバケツの水が、こおっているのを見たことがありますか？　これは、水がひやされてかたまり、氷になったものです。気温がとくに低くなるときには、自然がつくったさまざまな「氷の芸術」にであうことができます。

しも
空気中の水蒸気がこおって、葉やえだなどについたもの。

しもばしら
地面の中の水分がこおり、はしらのようになって、地面から持ちあがるもの。足でふみつけると、ざくざくと音がする。

霧氷（むひょう）

きりの中の水のつぶが、木などにこおりついたもの。朝によく見られる。

樹氷（じゅひょう）

雪やつめたい水のつぶが木にぶつかって、こおったもの。大きなおばけのように見えるものをモンスターという。

つらら

屋根などにつもった雪がとけて水となって、したたりおちるときにふたたびこおり、ぼうになったもの。1メートル以上の長さになることもある。

流氷（りゅうひょう）

海水がこおって氷となり、海流や波に流され海上をただようもの。日本では、オホーツク海北部から流れてきたものが、2〜3月ごろ、北海道のオホーツク海沿岸で見られる。

季節のふしぎをさぐろう！
どうして夏は暑く、冬は寒いの？

日本には春・夏・秋・冬の季節があります。夏は暑く、冬は寒いのはどうしてなのでしょうか？ 季節によって暑くなったり、寒くなったりするわけをさぐってみましょう。

日ざしの量のちがい

夏と冬では太陽の高さがちがいます。夏は太陽が高く、上のほうから地面に日ざしがあたります。しかし、冬は太陽が低く、ななめにあたるので、同じ量の日ざしが広いはんいに広がります。このため、同じ面積の地面にあたる日ざしの量がちがうのです。

夏　太陽が高い。

太陽の光が上のほうからあたる。同じ面積の地面が受ける日ざしの量は多くなる。

冬　太陽が低い。

太陽の光がななめにあたる。広いはんいに日ざしがあたり、同じ面積の地面が受ける日ざしの量は少なくなる。

昼間の長さのちがい

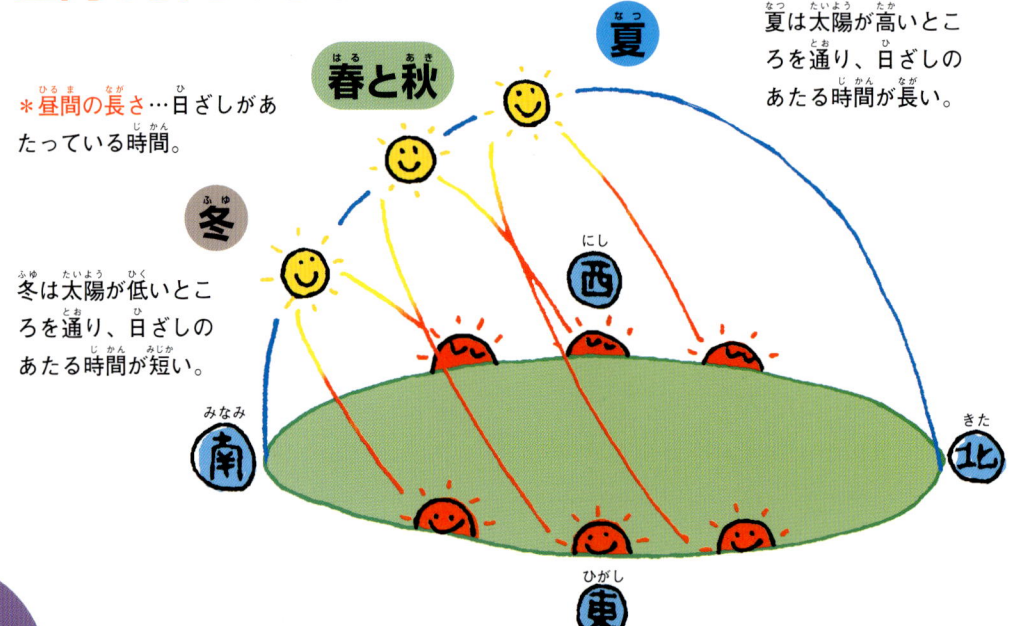

＊昼間の長さ…日ざしがあたっている時間。

夏は太陽が高いところを通り、日ざしのあたる時間が長い。

冬は太陽が低いところを通り、日ざしのあたる時間が短い。

夏と冬では、太陽の通り道がかわります。夏は太陽が空の高いところを通り、昼間が長くなります。冬は太陽が空の低いところを通り、昼間が短くなります。

このように、夏と冬では地面にあたる日ざしの量と昼間の長さがちがいます。夏は日ざしの量が多く、昼間が長いので暑く、冬は日ざしの量が少なく、昼間が短いので寒くなるのです。

夏はなかなか暗くならないけれど、冬は暗くなるのが早い

6月ごろは、夜7時をすぎても明るいけれど、12月になると、夕方4時すぎには暗くなります。昼間の時間は毎日少しずつかわっているのです。
1年のうち、昼間がいちばん長くなる日を夏至、いちばん短くなる日を冬至といいます。また、春と秋には昼間と夜の時間がほとんど同じになる日があり、それぞれ春分、秋分といいます。春分と秋分の前後7日間をそれぞれ彼岸といいます。ちょうどこのころ気候がかわるため「暑さ寒さも彼岸まで」といわれます。

	日の出	日の入り	昼の長さ	夜の長さ
春分（3月21日）	午前 5時45分	午後 5時50分	12時間5分	11時間55分
夏至（6月22日）	4時25分	7時00分	14時間35分	9時間25分
秋分（9月23日）	5時30分	5時40分	12時間10分	11時間50分
冬至（12月22日）	6時45分	4時30分	9時間45分	14時間15分

＊春分、夏至、秋分、冬至の日は、年によってかわる。上は2003年の日づけ。また、日の出、日の入りは、東京のおよその時刻。東京より東のほうではこの時刻より早く、西のほうではおそくなる。

いつまで遊んでるの？ばんごはんよ！

えっ、もうそんな時間なの？

1年でいちばん暑い日、寒い日はいつ？

太陽の高さがもっとも高くなる夏至と、もっとも低くなる冬至は、いちばん暑い日と寒い日ではありません。なぜなら、大気はすぐにあたたまったり、ひえたりしないからです。じっさいにいちばん暑くなるのは、夏至から1か月以上あとの7月末ごろで、いちばん寒くなるのは、冬至から約1か月後の1月末ごろになります。

63

天気よほうってなあに？

　天気よほうとは、いろいろな場所の天気、気温、気圧、風、雨や雪の量などの情報や、気象衛星から送られてくる写真などをもとにして、低気圧や高気圧、前線の位置などをわりだして天気図をつくり、天気がこれからどうかわっていくか予想するものです。右ページの図が天気図。天気のじょうたいが、記号を使ってあらわされています。天気図の読みかたがわかると、テレビや新聞で見る天気よほうがよくわかるようになります。

低気圧と高気圧

低気圧は、まわりより気圧の低いところ。高気圧は、まわりより気圧の高いところ。低気圧の近くでは雨や雪がふり、高気圧の近くでは晴れていることが多い。低気圧は低やL、高気圧は高やHであらわす。

高、低の近くの数字は、気圧（単位はヘクトパスカル）をあらわしたもの。数字が大きいほど気圧が高く、小さいほど気圧が低い。また、やじるしは今後の動きをあらわす。

風力記号

風の向きと強さをあらわす。風の向きを風向、風の強さを風力という。

風力…2 短い線が多いほど、風の強いことをあらわす。

風向…北西 長い線の方向が、風のふいてくる向きをあらわす。

天気記号

天気をあらわす記号。これは「晴れ」。

天気よほうに出てくることば

気温
天気よほうでは、地上1.5メートルの高さではかった気温を使う。一定の時間のなかでいちばん高い気温を最高気温、いちばん低い気温を最低気温という。1日のうちでは午後2時ごろ最高気温に、日の出前に最低気温になることが多い。

湿度
空気中にふくまれる水蒸気の多い少ないをあらわす。湿度が高いとじめじめし、湿度が低いとからっとする。

> 湿度が低いと、せんたくものがよくかわくよ

降水量、降水確率
降水量は、雨や雪などが一定の時間にふった量のこと。それぞれを水のじょうたいにしたときにたまった深さをミリメートルであらわす。降水確率は、これから先、雨や雪などがどれくらいふりやすいかをしめすもので、パーセントであらわす。この数字が大きいほど、雨や雪がふる可能性が高くなるので、かさを持って出かけたほうがいいとわかる。降水確率「100パーセント」だと雨がほとんど確実にふるが、「50パーセント」だと、ふる可能性とふらない可能性が同じくらいあるということになる。

前線
前線とは、せいしつのちがう2つの空気のぶつかっている面が地面とまじわるところ。前線をさかいにして、気温や気圧、風の向きや強さがかわる。

天気図

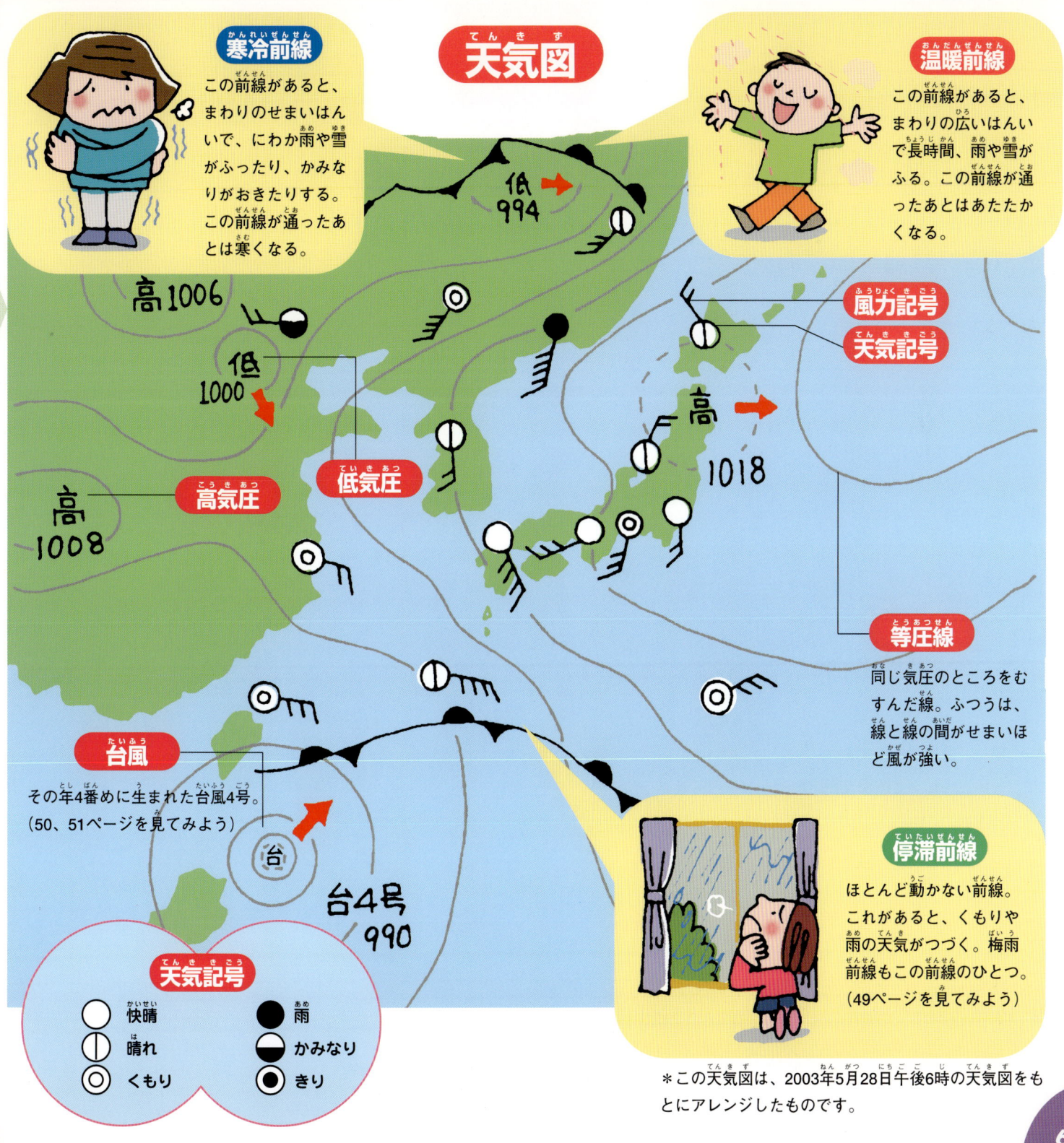

寒冷前線
この前線があると、まわりのせまいはんいで、にわか雨や雪がふったり、かみなりがおきたりする。この前線が通ったあとは寒くなる。

温暖前線
この前線があると、まわりの広いはんいで長時間、雨や雪がふる。この前線が通ったあとはあたたかくなる。

停滞前線
ほとんど動かない前線。これがあると、くもりや雨の天気がつづく。梅雨前線もこの前線のひとつ。（49ページを見てみよう）

- **風力記号**
- **天気記号**
- **高気圧**
- **低気圧**
- **等圧線** 同じ気圧のところをむすんだ線。ふつうは、線と線の間がせまいほど風が強い。
- **台風** その年4番めに生まれた台風4号。（50、51ページを見てみよう）

高 1006
低 994
低 1000
高 1008
高 1018
台4号 990

天気記号
- ○ 快晴
- ◐ 晴れ
- ◎ くもり
- ● 雨
- ⊖ かみなり
- ⬤ きり

＊この天気図は、2003年5月28日午後6時の天気図をもとにアレンジしたものです。

さくいん

あ行

朝日	16,19
あたたかい雨	44
雨雲	33,36,43,44,52
雨	12,13,33,40〜51,54〜56,59,64,65
あられ	59
いなずま	52,53
いわし雲	32
ウインドサーフィン	29
うす雲	32,33,36
うすぐもり	12
宇宙	18
海風	25
うろこ雲	32,36
雲海	3,33,37
大雨	45,50,54
オホーツク海高気圧	49
おぼろ雲	33,36
おろし	26
温暖前線	65

か行

快晴	12,65
カエデ	27
風	13,20〜29,50,51,59,64
かなとこ雲	34,36
かみなり	34,43,45,52,53,65
かみなり雲	34,36,44,52
寒冷前線	65
気圧	24,64
気温	13,40,58,60,64
気候	63
気象衛星	64
季節	45,62
きぬ雲	32
きり	37,61,65
きり雲	33,36,44
きり雨	33,45
空気	18,19,22,24,25,27,29,35,39,48〜52,64
雲	2,7,12,14,17,30〜41,43,44,48,50〜52,54〜57
くもり	12,65
くもり雲	33,36
夏至	63
巻雲	32,36
巻積雲	32,36
巻層雲	32,36
豪雨	45
高気圧	24,50,64,65
降水確率	64
降水量	64
高積雲	32,36
高層雲	33,36
氷	8,38,40〜42,44,52,57〜59,60,61
木がらし	26
小雨	45

さ行

彩雲	35
サイクロン	51
最高気温	64
最低気温	64
酸性雨	45
時雨	45
湿度	13,64
しも	60
しもばしら	60
秋分	63
樹氷	61
春分	63
水蒸気	35,38〜40,54,57,60
すじ雲	32,34,36
積雲	34,36
赤道	44,50,51
積乱雲	34,36,52,57
前線	49,64,65
層雲	33,36
層積雲	33,36

た行

大気	18,19,47,63
台風	6,26,50,51,54,65
台風の目	6,51
太平洋高気圧	49
たこあげ	29
だし	26
ダム	54,55
タンポポ	27
地下水	54,55
地球	1,18,19,55
地平線	16
つめたい雨	44

梅雨（つゆ）	43,48,49,54
梅雨明け（つゆあけ）	48,49
梅雨入り（つゆいり）	48,49
つらら	45,61
低気圧（ていきあつ）	24,64,65
停滞前線（ていたいぜんせん）	65
電気（でんき）	28,52,53
天気雨（てんきあめ）	43
天気記号（てんきごう）	64,65
天気図（てんきず）	64,65
天気よほう（てんき）	64
等圧線（とうあつせん）	65
凍雨（とうう）	59
冬至（とうじ）	63
通り雨（とおりあめ）	45
トビ	27

な行

にじ	32,35,46,47
入道雲（にゅうどうぐも）	34
にわか雨（にわかあめ）	45,65
熱気球（ねつききゅう）	29
熱帯低気圧（ねったいていきあつ）	50,51
野分（のわき）	26

は行

梅雨前線（ばいうぜんせん）	49,65
パラグライダー	29
ハリケーン	51
春一番（はるいちばん）	26
春雨（はるさめ）	45
晴れ（はれ）	12,17,49,65

彼岸（ひがん）	63
ひこうき雲（ぐも）	35
日ざし（ひざし）	34,62
ひつじ雲（ぐも）	32～34,36
日の入り（ひのいり）	16,63
日の出（ひので）	16,63,64
日やけ（ひやけ）	15
ひょう	59
ひらいしん	53
ビル風（かぜ）	26
風向（ふうこう）	64
風車（ふうしゃ）	28,29
風力（ふうりょく）	64
風力記号（ふうりょくきごう）	64,65
風力発電（ふうりょくはつでん）	28
プリズム	18,47
ヘクトパスカル	24,64
方位じしゃく（ほうい）	16

ま行

霧氷（むひょう）	61
もや	37

や行

やませ	26
夕立（ゆうだち）	45,46
夕日（ゆうひ）	16,17,19
夕やけ（ゆうやけ）	17
雪（ゆき）	12,33,40～42,44 54～59,61,64,65
雪の結晶（ゆきのけっしょう）	9,58
ヨット	29

ら行

乱層雲（らんそううん）	33,36,57
陸風（りくかぜ）	25
リトマス試験紙（しけんし）	45
流氷（りゅうひょう）	61

わ行

わき水（みず）	54
ワシ	27
わた雲（ぐも）	34,36
わた毛（げ）	27

〈監修者しょうかい〉

武田 康男

1960年、東京生まれ。東北大学理学部地球物理学科卒業。その後20年間、高校で地学を教える。小学校のときから、空や写真に興味を持ち、これまでにさまざまな「空」に関する研究や写真撮影を行い、たくさんの貴重な写真を撮りためた。アラスカまでオーロラの撮影に行く一方、四季の表情が豊かな、日本の空のすばらしさに感動している。著作には『空の色と光の図鑑』(草思社、共著)、『雲のかお』(小学館)、『空を見る』(筑摩書房、共著) などがある。

ホームページ http://www.fureai.or.jp/~sky/

デザイン／芝山雅彦（スパイス）
イラスト／すみもとななみ
写　　真／武田康男
写真協力／足利工業大学
　　　　　我孫子市鳥の博物館
　　　　　上田博（名古屋大学地球水循環研究センター）
　　　　　宇宙開発事業団（NASDA）
　　　　　オランダ政府観光局　http://www.holland.or.jp
　　　　　N.N.P
　　　　　株式会社ユーラスエナジージャパン
　　　　　逗子ウインドサーフスクール
　　　　　日本気球連盟
　　　　　葉山セーリングカレッジ
　　　　　毎日新聞社
　　　　　松原正幸
　　　　　OPO
　　　　　吉田忠正
編集協力／吉田忠正、宇津木温子
編集制作／株式会社童夢

超はっけん大図鑑・12
空と天気のふしぎ

発行　2003年7月　第1刷 ©

監　　修　　武田康男
発 行 者　　坂井宏先
編　　集　　中西文紀子　小櫻浩子
発 行 所　　株式会社ポプラ社
　　　　　〒160-8565東京都新宿区須賀町5
　　　　　振替00140-3-149271
　　　　　電話03-3357-2213（営業）
　　　　　　　03-3357-2216（編集）
　　　　　　　03-3357-2211（受注センター）
　　　　　FAX03-3359-2359（ご注文）
　　　　　http://www.poplar.co.jp（ホームページ）
印刷・製本　　図書印刷株式会社

68P/22cm/N.D.C.451　ISBN4-591-07784-5　Printed in Japan

●落丁本・乱丁本は送料小社負担でおとりかえいたします。
　ご面倒でも小社営業部宛にお送りください。

うらびょうしのクイズの答え

空と天気のふしぎクイズ
① C　かみなり雲（A はひつじ雲、B はくもり雲）
② A　青→あい色→むらさき
③ B　目